JN100095

エンジニア組織を強くする

事例から学ぶ、
生産性向上への取り組み方

開発生産性の教科書

Masataka Sato
佐藤将高
Findy Inc.
［著］

技術評論社

はじめに

　近年、多くの環境で「生産性の向上」というキーワードを聞くようになりました。ソフトウェア開発を行う上でも「高い開発生産性」が求められ、さまざまな取り組みを行う企業やエンジニアが増えています。その一方で、「開発生産性が高い」とは具体的に何を意味し、どうすれば高められるのかについての認識が揃っていない状況をたびたび目にします。

　本書では、開発生産性の重要性を3つの側面から掘り下げています。まず、高い開発生産性は、個々のエンジニアがプロダクトを効率的に改善できるだけでなく、組織全体の健康を保ち、エンジニアの採用にも良い影響を与えることを解説します。次に、開発生産性を測定する指標やツールについて、正しい知識と活用法を検討します。最後に、具体的な向上策を提供し、これを取り入れることで各組織がより高いレベルのエンジニアリングを実現できるようにします。

　多くの企業では、開発生産性の向上が大きな課題となっています。生産性が改善されれば、プロダクトのリリース時間の短縮や品質の向上が期待できます。これは、企業の採用広報活動にも好影響を及ぼし、エンジニアがその組織で働く意欲を高めるでしょう。開発生産性を高めることは、プロダクト開発者だけでなく、組織全体の拡張やエンゲージメント向上にも寄与します。ただし、このような状況を作り出すことは簡単ではありません。

　2023年頃からは、ChatGPTやGitHub Copilotを活用したエンジニアリングが徐々に広まり、エンジニアが生み出すコードの量が増えてきました。このような状況下において開発生産性をどのようにして高め、何を学んでいくべきなのか。不安を感じているエンジニアも多いのではないでしょうか。

　本書は、開発生産性に関する教科書的な観点から、読者の課題を洗い出し、解決策を提供することを目指しています。目標は、「皆さんの開発生産性がただちに向上するような状態を作り出すこと」です。日本のエンジニア組織がさらに活性化することに貢献できれば幸いです。

2024年5月27日　　佐藤 将高

目次

ご購入前にお読みください ………ii

はじめに ………iii

第 1 章 開発生産性とは何か

1.1 開発生産性について話す前に ………2

1.1.1 プロダクトのゴールとは ………2
1.1.2 開発生産性向上に取り組むべき箇所 ………2

1.2 開発生産性の定義 ………4

1.2.1 「開発生産性」が指す範囲は広い ………4
1.2.2 アウトプットとインプットをどう定義するか ………5
1.2.3 開発生産性のレベル ………6
1.2.4 生産性レベルの可視化と結果の理解 ………7
1.2.5 開発生産性レベル3は難しい ………10

1.3 開発生産性レベルごとの分類とタスク例 ………12

1.3.1 レベル1の分類と取り組みの例 ………12
1.3.2 レベル2の分類と取り組みの例 ………13
1.3.3 レベル3の分類と取り組みの例 ………15

1.4 なぜ開発生産性の向上が必要か ………16

1.4.1 社会における生産性向上の必要性 ………16
1.4.2 エンジニアリングにおける生産性向上の必要性 ………17
1.4.3 開発生産性向上によるメリット ………19
1.4.4 開発生産性向上を推進する上での注意点 ………22
1.4.5 作るべきものを間違えてはいけない ………23

1.5 DevOps の歴史と開発生産性 ………25

1.5.1 DevOps とは ………25
1.5.2 Puppet社の「State of DevOps Report」………25
1.5.3 総括 ………35

第2章 開発生産性向上のためのステップを知る

2.1 現状の可視化〜課題の優先付け ……… 38

2.1.1 開発生産性に対する理解をチームで深める ……… 38
2.1.2 開発生産性の現状を可視化する ……… 39
2.1.3 改善すべき課題の特定と優先順位付け ……… 44

2.2 目標設定と改善の実施 ……… 50

2.2.1 目標設定と改善策の立案 ……… 50
2.2.2 改善策の実行とモニタリング ……… 53
2.2.3 改善効果の評価と次のサイクルに向けた方針の更新 ……… 54
2.2.4 継続的な改善への意識づけ ……… 56

第3章 生産性向上の取り組みを阻害する要因とその対策

3.1 前提条件の不足から生じる問題とその対策 ……… 60

3.1.1 開発生産性への理解を深める ……… 60
3.1.2 考えられる要因とその対策 ……… 60

3.2 エンジニア個人に関連する阻害要因とその対策 ……… 65

3.2.1 知識面の阻害要因を解消する ……… 65
3.2.2 技術面の阻害要因を解消する ……… 66
3.2.3 マネジメント面の阻害要因を解消する ……… 69
3.2.4 マインド面の阻害要因を解消する ……… 70

3.3 エンジニアチームに関連する阻害要因とその対策 ……… 72

3.3.1 知識面の阻害要因を解消する ……… 72
3.3.2 技術面の阻害要因を解消する ……… 74
3.3.3 マネジメント面の阻害要因を解消する ……… 78
3.3.4 マインド面の阻害要因を解消する ……… 81

3.4 組織全体に関連する阻害要因とその対策 ……… 84

3.4.1 コミュニケーション面の阻害要因を解消する ……… 84
3.4.2 マネジメント面の阻害要因を解消する ……… 86
3.4.3 マインド面の阻害要因を解消する ……… 89

第4章 パフォーマンスを測るための指標

4.1 指標選択の考え方 ……… 94
4.1.1 考慮すべきポイント ……… 94

4.2 Four Keys ……… 100
4.2.1 Four Keys とは ……… 100
4.2.2 ①デプロイ頻度 ……… 101
4.2.3 ②変更のリードタイム ……… 104
4.2.4 ③変更失敗率 ……… 106
4.2.5 ④平均修復時間 ……… 108
4.2.6 Four Keys は良い指標だが万能ではない ……… 111
4.2.7 Four Keys のまとめ ……… 112

4.3 開発生産性を計測するためのお勧めの指標 ……… 113
4.3.1 プルリクエスト作成数 ……… 113
4.3.2 自動テストのコードカバレッジ ……… 116
4.3.3 マージ時間 ……… 120
4.3.4 自動テスト・CI/CD の実行速度 ……… 123

4.4 開発生産性に直接的に結びつく指標 ……… 130
4.4.1 ①開発プロセスに沿った指標 ……… 130
4.4.2 ②バリューストリーム指標 ……… 136
4.4.3 ③個人の生産性指標 ……… 138
4.4.4 ④チームの生産性指標 ……… 140
4.4.5 ⑤組織文化指標 ……… 141

4.5 開発者体験とSPACEフレームワーク ……… 143
4.5.1 SPACE フレームワークとは ……… 143
4.5.2 SPACE フレームワークの各項目の概要 ……… 143

4.6 開発生産性に間接的に結びつく指標 ……… 146
4.6.1 間接的な指標とは ……… 146
4.6.2 ①売上を作る指標 ……… 146
4.6.3 ②コストを削減する指標 ……… 147
4.6.4 ③離職率 ……… 147

第5章 事例から学ぶ開発生産性向上の取り組み①
株式会社BuySell Technologies

開発生産性への取り組みの背景 ……… 150

Aチームの取り組み ……… 152

Bチームの取り組み ……… 155

開発生産性への取り組みの副次的な成果 ……… 162

第6章 事例から学ぶ開発生産性向上の取り組み②
株式会社ツクルバ

開発生産性への取り組みの背景 ……… 166

生産量の向上に高い再現性をもった組織の実現へ ……… 167

経営と開発を繋ぐ架け橋に ……… 169

育成の観点でも開発生産性の指標を活用 ……… 171

チームメンバーの意識や行動に変化 ……… 172

第7章 事例から学ぶ開発生産性向上の取り組み③
クラスメソッド株式会社

開発生産性への取り組みの背景 ……… 174

開発生産性向上に向けたクラスメソッド社の取り組み ……… 176

開発生産性についての今後の挑戦 ……… 180

第8章 事例から学ぶ開発生産性向上の取り組み④
株式会社ワンキャリア

開発生産性への取り組みの背景 ……… 182

SPACEフレームワークを導入しエンジニアを多角的に評価 ……… 184

開発生産性をさらに向上させるための取り組み ……… 188

第9章 事例から学ぶ開発生産性向上の取り組み⑤
ファインディ株式会社

2020年7月当時の状況 ……… 192

ファインディが取り組んだこと ……… 193

まとめ ……… 202

Appendix

Appendix.1 LLMが開発生産性を再定義する ……… 206

A.1.1 LLMとは ……… 206

A.1.2 LLMによる開発生産性の向上 ……… 207

A.1.3 LLMを活用した開発プロセスの変化 ……… 209

A.1.4 LLMの限界と人間の役割 ……… 211

A.1.5 LLMがもたらす開発者の役割の変化 ……… 213

A.1.6 LLMを活用するための組織的な取り組み ……… 214

A.1.7 LLMの活用事例 ……… 216

A.1.8 LLMの今後の発展 ……… 219

A.1.9 LLMがもたらすソフトウェア開発の未来 ……… 221

A.1.10 まとめ ……… 222

Appendix.2 開発生産性向上に有用なツール紹介 ……… 223

A.2.1 Findy Team+とは ……… 223

A.2.2 Findy Team+でできること ……… 226

A.2.3 可視化だけではなく伴走をするカスタマーサクセス ……… 235

A.2.4 まとめ ……… 237

Appendix.3 開発生産性向上に関する海外事例 ……… 238

A.3.1 AI・機械学習の開発プロセスへの活用 ……… 238

A.3.2 モバイルアプリ開発の生産性向上 ……… 239

A.3.3 大規模モノレポの構築と管理 ……… 240

A.3.4 開発者の満足度と生産性の関連性 ……… 241

A.3.5 プラットフォームエンジニアリング ……… 243

A.3.6 DevSecOps ……… 245

A.3.7 まとめ ……… 246

おわりに ……… 247

参考文献 ……… 248

執筆者プロフィール ……… 250

索引 ……… 252

第 1 章

開発生産性とは何か

本書では、開発生産性の向上に向けて何を
すべきか、どのような指標を使って計測す
るのかについて詳しく解説します。具体的
な取り組みについて紹介する前に、1章で
は、開発生産性とは何か、なぜ開発生産性
を向上する必要があるのかについて解説し
ます。

1.1 開発生産性について話す前に

これから開発生産性向上について解説しますが、開発生産性の向上を考える上でまず明確にしておくべきなのは、「プロダクトは何をゴールとしているのか」「どの部分に対して取り組んでいくべきか」ということです。

1.1.1 プロダクトのゴールとは

開発生産性を語る前に、プロダクトは何をゴールとするのかについて考えてみましょう。

事業会社で作られるプロダクトの多くは、プロダクトを作成すること自体がゴールではなく、プロダクトを通じて得られる結果がゴールです。プロダクトを使ってもらうことで達成されるKPI、そしてそこから得られる売上や利益が重要です。

事業が存続する状態を続けない限りは、その事業を支えるためのプロダクトも続けることはできません。いかに良い開発生産性を実現しようと、そのプロダクトが事業を支えられなければ意味がないのです。つまり、「そのプロダクトを通じて、何らかの結果を得るために」プロダクトを作るということです。

1.1.2 開発生産性向上に取り組むべき箇所

プロダクトは、「課題発見」「企画」「デザイン」「エンジニアリング」「QA」といった一連の流れから作られています。本書で後ほど解説する開発生産性の定義にも出てきますが、開発生産性はエンジニアリングだけではなく、プロダクト全体の生産性を指すこともあります。エンジニアリングだけが100点ではなく、いかに他のチームと連携を進めていくか、プロダクト開発を行う人たちが関わる組織においての開発生産性を上げていけるかについても考慮していく必要があるのです。

　小さく始める場合や、開発生産性向上の取り組みにおいてコントロールしやすいのはエンジニアリングに特化した部分です。組織を横断した取り組みは、情報共有や課題感のすり合わせに時間がかかるためなかなか手を出しにくい部分です。まずは自分、もしくは自分のチームに限定して開発生産性を上げることによって、プロダクト開発の一部からでも開発生産性向上に取り組んでいけます。

　ただし、伝言ゲームと同じように、それぞれの工程における生産性が低かったり、工程における連携が不十分であったりすると、たとえエンジニアリングの生産性が高くてもプロダクト全体の生産性がなかなか上がらない可能性があることに注意してください。エンジニアリングにおける生産性向上の取り組みから始め、いずれはプロダクト開発全体、組織全体へと取り組みを広げていくことを目指しましょう。

　先ほどもお伝えしたように、プロダクトがさまざまなロールのメンバーを巻き込みながらいかに良いアウトカムを出せるかが大事となってきますので、手段が目的にならないように気をつけなければなりません。

　プロダクトのゴールを前提とした上で、開発生産性について考えていきましょう。

1.2 開発生産性の定義

開発生産性という言葉の定義は、その言葉の話し手や受け手によってコンテキストが変わります。「開発生産性」と聞いた人が思い浮かべる範囲は、思った以上に広いのです。開発生産性について考える上で、ここで言葉の定義を明確にしておきましょう。

1.2.1 「開発生産性」が指す範囲は広い

生産性とは、

得られた成果物（アウトプット）÷ 投入した生産要素（インプット）

で表現されますが、何を投入して、何を成果物とするのかをすり合わせる必要があります。たとえば、あなたは「開発生産性」と聞いた時に何を思い浮かべるでしょうか？

例1：ソフトウェア開発チームが効率的に作業を進め、新しいアプリケーションを短期間でリリースすること
例2：自動化された生産ラインが製品を迅速に組み立て、労力を削減し、製品の生産性を向上させること
例3：プロジェクト管理ソフトウェアを使用してタスクの進捗状況をリアルタイムで把握し、タスクの遅延を防ぐこと
例4：仕事の優先順位を設定し、時間の使い方を最適化して、タスクを迅速に完了させること
例5：チームメンバー間の効果的なコミュニケーションと協力を通じて、プロジェクトの生産性を向上させること

これら以外にもさまざまな例があると思います。上に挙げた例は、開発生産性という言葉が指すものの一部にすぎません。

1.2.2 アウトプットとインプットをどう定義するか

それでは、開発生産性を考える上でアウトプットとインプットにそれぞれどのようなものがあるのかを考えてみましょう（**表1.1**）。

この表のように、アウトプットとインプットにはさまざまな種類があることがわかります。組織や開発チームの特性、プロジェクトの性質によっても、何をアウトプットにし、何をインプットにするかが異なる場合があるのです。

ここで重要なのは、**自分たちの組織や開発チームにとって何がアウトプットであり、何がインプットであるか、そして何を開発生産性と呼ぶのかを明確にする**ことです。

たとえば、リリースされた機能の数を増やすためには、開発プロセスの効率化や自動化、エンジニアのスキルアップなどが必要かもしれません。また、投入された時間に対して提供された価値が少ない場合は、優先順位の見直しや要件定義の改善が求められるかもしれません。

開発生産性という言葉だけ聞くと、エンジニアだけで進めるべきもののように

表 1.1　開発生産性におけるアウトプット、インプットの例

種別	主な項目
開発生産性における アウトプット	リリースされた機能や修正の数
	開発されたコードの行数
	解決されたバグやイシューの数
	提供された価値（ユーザー満足度、売上への貢献など）
	開発されたドキュメントの量と質
開発生産性における インプット	開発に費やされた時間（人時、人日など）
	開発に投入された人的リソース（エンジニア数）
	開発に使用された予算
	開発に必要なインフラやツールのコスト
	開発チームの教育や育成に投資された時間と予算

感じるかもしれません。しかし、開発生産性の向上は組織全体で取り組むべき課題です。エンジニアリングだけでなく、プロダクトマネジメント、デザイン、QA、営業など、さまざまな職種の人たちが連携し、ユーザーに価値を提供することが重要なのです。

　開発生産性の定義とその測定方法を組織全体で共有し、継続的に改善に取り組むことで、プロダクトの成功に繋がるでしょう。逆に言えば、開発生産性の定義を組織で共有しない場合はずれが生じ、取り組みを理解してもらえなくなる可能性があります。これらの課題については第2章、第3章で解説していますので、そちらも参照してください。

1.2.3　開発生産性のレベル

　次に、少し違った視点で開発生産性のレベルについて考えてみます。広木大地氏の著書『エンジニアリング組織論への招待〜不確実性に向き合う思考と組織のリファクタリング』[注1.1] では、開発生産性のレベルとして3つの階層が定義されています。

レベル1：仕事量の生産性

　このレベルでは、特定の作業量をどれだけ効率的にこなせたかに焦点を当てています。価値や売上への貢献は考慮せず、純粋に作業量の観点から生産性を評価します。「作業の効率が悪いとは言えないが、（後述する）レベル2以降の生産性が高いわけではない」ことも評価の対象になります。

　たとえば以下のような観点を挙げられるでしょう。

- エンジニアが効率的な開発環境を構築できているか
- エンジニアが必要なスキルを習得できているか
- サービス自体が良い構造を持っているか　など

レベル2：期待付加価値の生産性

　このレベルでは、仕事量だけでなく、各施策がプロダクトにどれだけの価値を

注1.1 『エンジニアリング組織論への招待〜不確実性に向き合う思考と組織のリファクタリング』／広木大地［著］／技術評論社（2018年）

もたらすかを考慮します。ただし、実際の価値を評価するのは時間がかかるため、「期待される価値がどの程度リリースできたか」に焦点を当てます。

　この観点では、プロダクト開発組織全体のアウトプットが重視されます。たとえば以下のような観点を挙げられます。

- プロダクトの目的達成に寄与する正しいタスクを選択できているか
- タスクに優先順位を適切につけられているか　など

レベル3：実現付加価値の生産性

　このレベルは、売上やKPIなど、実際のサービスに対する具体的な貢献を評価する段階です。このレベルの生産性は、開発チームだけではなく、カスタマーサクセス、セールス、マーケティングなど、組織全体で評価に取り組んでいく必要があります。

　このレベルでは、「そのタスクが実際にビジネスの目標に貢献できているか」という観点で評価することになります。たとえば以下のような観点が挙げられます。

- プロダクトにより、売上がどれだけ変化したか
- プロダクトにより、KPIをどれだけ達成できたか　など

1.2.4　生産性レベルの可視化と結果の理解

　前述した開発生産性のレベルを見ると、レベル1のほうが自分たちのエンジニアリングについてダイレクトにヒットし、自分たちのみでコントロールができることがわかるかと思います。つまり、レベル1の生産性は取り組みやすく、目に見えて成果に繋がりやすいものなのです。

　もちろん、最終的には開発生産性レベル3「実現付加価値の生産性」を上げることが目標です。

開発生産性レベル1　「仕事量の生産性」を可視化する

　レベル1の生産性は、個々のタスクの完了数や作業スピードなど、純粋な作業量に注目します。この生産性が高いチームは、タスクを着実かつ効率的にこなしていると言えます。

　レベル1の可視化は、エンジニア個人やチームの日常の活動を定量的に把握す

ることから始まります。たとえば、以下のようなメトリクスを設定し、継続的に測定するのが有効でしょう。

- 1日あたりのコミット数、プルリクエスト数
- プルリクエストの平均オープン時間
- コードレビューに要する時間
- バグ修正に要する平均時間
- 自動化されたテストのカバレッジ
- ビルドの成功率と所要時間

　これらの指標を定点観測し時系列でグラフ化することで、仕事量とそのトレンドが明らかになります。数字の変化からは、生産性に影響を与えた施策や出来事が見えてくるかもしれません。

　加えて、日々の仕事に対して課題を感じている部分はないかという定性的な気付きと、定量的なデータを組み合わせることで、レベル1の生産性をさまざまな角度から可視化できます。

開発生産性レベル2　「期待付加価値の生産性」を可視化する

　レベル1の可視化については前述した通りですが、プロダクト全体の価値にフォーカスしたレベル2ではどのように可視化を進めるべきでしょうか。

　レベル2は、プロジェクト単位で価値にもとづいた優先度付けを行い、どれだけのタスクを完遂できたかを評価します。多くの場合、スクラムやアジャイル開発のフレームワークを用いて、価値あるタスクをどれだけ実現できたかを測定します。

- プロダクトのビジョンや戦略にもとづき、的確にタスクの優先順位が付けられているか
- プロダクト全体に価値をもたらすと考えられるタスクに、適切にリソースが配分されているか
- 優先度の高いタスクに対して、チーム全体でコミットメントできているか

　また、プロセスの側面からは次のような観点もあります。

- 価値の高いタスクがスムーズに完了できているか。滞留するタスクはないか
- 実施タスクと期待価値の関係を検証し、フィードバックを次のサイクルに活かせているか

　これらの問いをチーム内で定期的に確認し、課題があれば改善することが、レベル2の生産性向上に繋がります。自分たちの組織がどういった状態にあるか可視化することをお勧めします。

定性的な理解と定量的な理解

　可視化した成果や結果を「なんとなく」で定性的に理解すること。そして実際にどれくらいの数値で推移しているか定量的に把握すること。実はどちらも大切です。

　たとえばダイエットについて考えてみましょう。着ている服などで印象が変わることはありますが、見た目でなんとなく痩せている、なんとなく太っていると定性的に理解することは多いと思います。

　一方で、ダイエットをしている時に体重計に乗り続けることは、太っているか痩せているかの傾向を知るために大事であることを多くの方はご存知でしょう。決まった服装や下着のみで体重計に乗ることで、同じ物差しで毎回測れますよね？　同じ条件のもとで繰り返し、たとえばお風呂に入る前に測り続けると、体重の推移がわかるようになるはずです。

　見た目による判断（定性的）も大事ですが、このようにして体重を測り続けることで、どのような傾向になっているかが数値化され（定量的）グラフとして表現することも可能になるのです。

開発生産性向上と組織のスケール

　最近のクラウドインフラでは、サーバーのスケール条件をセットし、どれくらいのスループットになっているか、どれくらいのCPU使用率になっているかの数値をもとに、サーバーの台数を自動で増やすオートスケールの設定がなされています。利用されている方も多いでしょう。

　最終的になんとなく「サーバーの台数を増やしておくか」ということも、ないわけではないでしょう。ですがチームの人数が増えてくると、費用を過剰に使わないようにするために「どのタイミングでサーバーを増やすか、プロダクトの性質をもとに一定のルールを決める」ことが多いと思います。

では、組織のスケールについてはどうでしょうか。自組織においてどれくらいのプロダクト開発計画があり、そのためにどれくらいの期間がかかり、工数が必要になってくるかという情報をもとに、採用計画を練ることを考えます。採用計画を作る上で開発生産性を正しく把握できれば、採用計画に対する信憑性は高くなります。過剰な人員が不要な状態を作れる、実際にプロダクトや顧客に向き合う時間を増やせるといったメリットが生まれるでしょう。

　つまり、開発生産性についてどれだけのアウトプットを出せるかという情報を揃え、組織全体で認識を合わせることにより、組織をスケールさせやすい状態を作れると考えられます[注1.2]。

1.2.5 開発生産性レベル3は難しい

　皆さんの現場で、以下のような課題は発生していませんか？

- エンジニアはうまくやれているが、企画者の課題特定が不十分で課題設定がそもそも間違っている
- QAが不十分でバグが多く、KPIの改善や売上増加に繋がらない

　これらの指標は、前述した開発生産性レベル3にあたるものです。レベル3の指標を改善するには、自分たちが中心となって取り組みやすい（自分たちだけではありませんが）レベル1やレベル2に注力しながら、プロダクト開発に関わるプロダクトマネージャー、デザイナー、QA、営業、プロダクトオーナーを交えて職務を超えてレベル3の開発生産性向上に取り組んでいく必要があります。実際には難しい挑戦であることが多いでしょう。

　多くの組織では、開発チームの枠を超えてさまざまな職種の人たちの課題やその優先順位を揃えたり、工数が足りていない部分に手を出していったり、何かを手伝ったりと、規定の職務以上の役割を担うことになります。越境してお互いに深く入り込んでいくことが求められるため、難しいと感じることも多いと思います。

　全体として高度なコミュニケーションやスキルが必要であり、アジャイル開発などの習熟によってレベル2までは到達しても、レベル3の改善で苦労すること

注1.2　もちろん、採用がうまくいく前提ではありますが……！

は多々発生します。

　我々ファインディの組織内でも、ユーザーに価値を届けるために開発生産性を高めることを数年かけて実現してきました。ここで言う開発生産性レベル3、つまりKPIの達成や売上をいかに伸ばすかということについてエンジニアリングでチャレンジしようとしましたが、その前提となるデプロイやレビュー周りに課題があり、エンジニアリング部分でのボトルネックが大きくなっていました。

　そのため、いかにたくさんの企画を実現しても、エンジニアリングにおける開発環境が十分に整っておらず、テスト自動化を行ってもリリースに1時間〜2時間ほどかかるという状況だったのです。

　そこで、まず開発生産性レベル1の指標を上げることに注力し、開発環境の整備やテスト自動化の土台作りをスタートしました。

　人数が多ければ多いほど、このレベル3の改善はやりがいのあるものになりますが、全員が「改善するマインド」を持って取り組む必要があります。ここで「自分は頑張っているのに、どうして他のチームは協力してくれないのだろう」と考えるのではなく、「どうやったら全チームで連携してユーザーに価値を提供してKPIや売上を上げられるのか」というマインドを持ち続ける必要があります。

1.3 開発生産性レベルごとの分類とタスク例

開発生産性のレベルを意識し、それぞれのレベルで開発生産性を高めていく必要について理解いただけたかと思います。では、実際に開発生産性レベルを上げるにはどのような取り組みをすべきなのか、分類・可視化してみます。

1.3.1 レベル1の分類と取り組みの例

開発生産性レベル1の向上は、以下の6つに分類できます。

- ツールの最適化
- 自分自身のスキルの向上
- チームワークの強化
- 品質保持
- プロセス管理
- 継続的な学習と知識共有

開発生産性レベル1を向上させるための取り組みとして、代表的なものを以下に挙げます。なお、ここで記載する内容はあくまで一例であり、他にも多くの取り組みがあります。

1. メンテナンス性の向上

最初に考えるのがメンテナンス性の向上です。メンテナンス性の向上には、コードベースのドキュメンテーションの充実、ユニットテストの強化、リファクタリングの定期実施などがあります。これらのタスクを実施することで、コードにおけるバグの発見の高速化と修正の効率化を図れます。

とくにユニットテストは、さまざまなタスクにおいてCI/CDを回すことによって多くの恩恵を受けられるようになります。また、コード内外の可読性を高める

ことにより、他のエンジニアや過去の自分との対話がスムーズになります。

2. タスク自動化スクリプトの作成

　エンジニアリングによって新機能を開発するだけではなく、ビルド、デプロイメント、テストなどの繰り返しタスクを自動化するスクリプトを作成することも選択肢の1つです。自動化するスクリプトを書く時間が必要になるため、どれくらいの回数・どれくらいの時間、その繰り返し業務に時間を割くかによっても自動化の必要性が変わってきます。

　定常的に行われるビルドをDockerなどによって効率化したり、デプロイスクリプトを作成することで日々の定型業務を効率化したりするのも選択肢の1つです。

3. コードレビューの効率化

　いかにコードを書くのが早くても、チーム開発を行う上ではコードレビューが早くないとチームとしての開発生産性は低いままです。コードレビュープロセスを見直し、素早いフィードバックを行いながらソースコードの修正を早めていくことで、タスクに着手してから完了までの時間を短くできます。

　コードレビューの効率化には、リンターを使った些細なエラーの検出、コード品質の可視化、依存関係のチェックなどについて、CI/CDを使って利便性を上げられるようにし、効率良くソースコードをレビューできるような状態にしていくことが開発生産性の高い企業で実現されています。

4. コミュニケーションとチームワークの効率化

　コミュニケーションの効率化という観点では、自分の抱える課題感や持っている情報を口頭で共有する会を開くことで、複数の人たちに対して現状を伝えられます。ドキュメンテーションも非常に大事な効率化なのですが、技術共有の場を開くことでもノウハウをシェアできます。

　その他にも、作業の過程を共有しながらプログラミングを行うペアプログラミングなどを取り入れます。お互いの認識の齟齬などをできるだけなくすことでスキルアップに繋がり、効率化が可能になります。

1.3.2　レベル2の分類と取り組みの例

　次に、レベル2の開発生産性向上の分類と具体的な取り組みを見ていきましょ

う。開発生産性レベル2向上は、以下の4つに分類できます。

- プロジェクトの最適化
- チーム連携・情報共有の円滑化
- リスクマネジメントの強化
- 品質保証の強化

具体的な取り組みの例を以下に挙げます。

1. 戦略ロードマップ策定

戦略ロードマップの策定を行います。「どのような価値を提供するのか」を決めていく上で、それぞれの機能がもたらす価値について考えた上で優先度を決定したり、「ユーザーのニーズに合致しているかどうか」を決めることで自分たちの開発している内容がどう反映されるのかを考えたりすることができます。

また、どのようなプロダクトにすべきか、競合他社とどのように差別化を図るのかなどといったプロダクト戦略を策定することで、プロダクトの方向性を明確にできます。

ロードマップの各施策の優先度を測るための指標として加重スコアリングやRICEスコアなどがあります。RICEスコアでは、**表1.2**の4つの観点から作業の重要性を評価し、優先度を決定できます。

こうした営業戦略やプロダクトの方向性は、事業部長やプロダクトマネージャーが決めることになるでしょう。しかし、エンジニアリング中心の施策の洗い出しを行うといったことで貢献できる部分はあります。

2. 市場とユーザーインタビュー

「市場がどれくらいのポテンシャルを秘めているか」「市場に向けてプロダクトや機能をリリースするとどれくらいの価値があるのか」といったことをユーザーインタビューで確認することにより、プロダクトや機能をリリースして成果が出る可能性があるかどうかを判別できます。また、ユーザーインタビューを通してニーズを把握することで、ユーザーのニーズに合致したプロダクトを開発することにも繋がります。

たとえば、ユーザーインタビューにおいて機能の点数付けを行うことで、どの程度の価値が想定されるかを分析できます。ユーザーインタビューへの参加や実

表 1.2　RICE スコアにおける 4 つの観点

観点	概要
Reach：リーチ	市場の広さ、どれだけ多くの人に届くのか
Impact：インパクト	どれだけの影響を与えられるのか
Confidence：成功確度	期待通りの影響を与えられるかどうか
Effort：労力	どれだけの時間、コストがかかるのか

際にその録画などを見ることによってサービスの顧客に対する理解が進み、将来の開発生産性レベル 2 の向上が期待されます。

3. リスクの管理

　プロジェクトにおけるリスクの算出も有効です。たとえば、「これを対応しなかった場合、どれだけの損失が生じるか」といったものです。

　何か新しい機能を作って付加価値を生むことだけではなく、既存の良くない状態について、それがどれだけの機会損失に繋がるのか、どれだけのブランドイメージ低下に繋がるかなどといった状況を事前に見積もることで、タスクの優先度を決めていきます。良くない状態への対応は、通常の新機能開発に比べて優先度が低くなりがちです。金銭的な被害をはじめ、どのような損害を被るかを想定することで正しく優先度付けできるようになります。

1.3.3　レベル 3 の分類と取り組みの例

　開発生産性レベル 3 の成果に繋がったかどうかは、エンジニアリングという投資に対しては因果関係が明確ではないことがあるため、評価するのがとても難しいです。分類としては、ビジネスの成果にどれくらい繋がったかという KPI や売上数値や、顧客数がどのくらい増えたかといった数値などがあります。これらの数値と施策を併せて見ることで成果に繋がったかどうかを判断します。

　実際の取り組みはプロダクトマネージャー、デザイナー、QA、営業、経営者を巻き込む内容でもあるため、これらの数値に対してエンジニアリングが直接的にコミットできているかどうかを判断することも非常に難しいです。そのため、プロダクトに関わるすべての人を対象としたインプットにすることによって、アウトプットが良い状況になっているのかを判断することになるでしょう。

1.4 なぜ開発生産性の向上が必要か

前のセクションでは、生産性のレベルや取り組みについての概要を理解できました。それを踏まえた上で、ここからは、「なぜ開発生産性の向上が必要なのか」について議論していきましょう。生産性向上によって何を求めるのか、何が得られるのかを正しく理解することは大切です。

1.4.1 社会における生産性向上の必要性

なぜ、以前と比べて日本でより生産性を追い求めるようになってきたのでしょうか。背景として大きく3つの観点があると考えられます。

1. 人口減少と高齢化による労働力不足
2. 働き方改革
3. デジタルトランスフォーメーション（DX）

1. 人口減少と高齢化による労働力不足

日本では、進行する人口減少と高齢化によって労働人口が減少しています。総務省の統計データによると、2024年4月での総人口は1億2,399万人で、前年同月に比べ55万人減少しています[注1.3]。

40年後には、少子高齢化の影響で労働人口が4割減ると予測されています[注1.4]。この資料からは、2020年に6,404万人いる労働人口が、2065年に3,946万人にま

注1.3 「人口推計（令和5年（2023年）11月確定値、令和6年（2024年）4月概算値）（2024年4月22日公表）」（総務省統計局）
https://www.stat.go.jp/data/jinsui/new.html

注1.4 「データで見る少子高齢化と労働人口減少の予測｜いいじかん設計」（コニカミノルタジャパン）
https://www.konicaminolta.jp/business/solution/ejikan/column/workforce/declining-workforce/index.html

で減少することがわかります。今の生産性のままで2065年を迎えると、1人あたり1.62倍の生産性を発揮できるようにならないと労働人口の減少による経済の停滞が起こると予測されています。

このような状況の中、テクノロジーの力で効率良く仕事をすることが求められているのです。

2. 働き方改革

かつて日本では長時間労働が当たり前で、サービス残業が横行していました。また、国際的にも日本は労働生産性が低く、経済成長に繋がらないという指摘がありました。

2015年から2016年にかけて過労死が大きな問題になったことから、働き方改革が国策として進められ、10年弱かけて労働環境が見直されてきました。長時間労働の是正、柔軟な働き方の推進、同一労働同一賃金の実現、女性や高齢者、外国人の労働市場参加の促進、生産性向上と賃金向上の実現などを柱とし、現在も法律の整備や企業文化としての浸透など継続的に進められる施策になっています。

3. デジタルトランスフォーメーション（DX）

世の中にはデジタル化の波が押し寄せており、デジタル化による業務プロセス向上が求められています。デジタルトランスフォーメーション（DX）という言葉も、2000年代に始まり[注1.5]、2010年代から徐々にクラウドコンピューティング、ビッグデータ、AIなどの技術が実用化・普及してきたことで、企業でより強く意識されるようになりました。

紙からデジタル、データ駆動での意思決定といった業務の進め方の変化、またそういった技術を導入するだけではなく、企業におけるマインドセットの変化などが求められます。過去の成功体験にとらわれず、新しいことに挑戦する、デジタル化によって業務効率を改善することが求められているのです。

1.4.2 エンジニアリングにおける生産性向上の必要性

社会的に生産性が求められる中で、エンジニアリング面でも生産性向上が求め

注1.5 デジタルトランスフォーメーションという概念は、2004年にスウェーデン ウメオ大学の Erik Stolterman 教授が論文中で初めて提唱したものです。

られるようになりました。

1. リモートワークの普及

　以前より受託系の企業ではリモートワークで業務を遂行することがありましたが、2020年頃からのコロナウイルス感染症（COVID-19）パンデミックの影響で、リモートワークが急速に普及しました。その中で、リモートワークを行うメンバーを含むチームビルディングが行われるようになってきました。

　以前は、オフィスでのコミュニケーションが中心であり、コーディングだけではなく対面でのミーティングなどを通じて、直接相手の表情を見て声を聞きながら口頭でコミュニケーションを取る機会が多くありました。ところが、リモートワークによって対面での五感を使った情報収集は難しくなり、ZoomやGoogle Meet/Chat、Slackなどを使って、非同期コミュニケーションを行いながら、時にはビデオ通話などを駆使して同期的なコミュニケーションも取る形に変化してきました。

　リモートワーク環境下では、直接業務に関わっていなくともオフィスにいれば聞こえていた雑談などが減ってしまいました。その結果、「あの人は業務をちゃんとやっているのだろうか？」「最近あの人は何をしているのだろう？」など、見えないプロセスに対して不安を感じることが増えています。

　そのため、プロセスだけではなく成果に関してどれだけ貢献できたか、プロダクトや事業に対してどれだけ貢献できたか、などを気にするチームや会社が増えてきました。よりアウトプットやアウトカムに対しての見える化が求められるようになり、タスクマネジメントなどを対面でリーダーが確認するのではなく、個人個人が効率良く業務を進める必要が出てきます。

　また、お互いの進捗をいつでも見える状態にするなどの工夫をしながら、効率的にコミュニケーションを取る必要が出てきたのです。

2. 高性能なプロダクトの構築が当たり前に

　IT企業だけではなく、旧来型の企業もデジタル化を進め、IT企業としての機能を持つようになってきました。海外から日本に向けて製品を提供する企業も増え、日本からも海外に展開しやすい環境になっています。国内の企業同士で競争がなされていた状況から、海外のさまざまな先進的な製品との競争になったことで、より高性能なプロダクトを構築することが当たり前になってきたのです。

　一部のサービスなどでは、20年以上前のUIでサービスが提供されていること

もありますが、それではユーザーにとって使いやすい製品とは言えません。スマートフォンやタブレットの普及によって、ユーザーは海外のサービスを当たり前のように受け入れるようになっています。現在では、より使いやすく高機能な製品を、ユーザーの求めに応じてより早く提供する必要があり、開発プロセスを効率化し、生産性を高める必要が出てきたのです。

3. 技術の標準化

多くの企業でOSS（オープンソースソフトウェア）を活用したり、外部のSaaSを導入したりすることが増え、自前ですべてを準備するような開発案件は減ってきました。効率化を求めたり、より機能性が高く考え抜かれたプロダクトやライブラリを利用したりすることによって生産性は高くなります。

こうした変化から、企業の開発組織においては、これらのさまざまな技術をうまく組み合わせる力や、多数の技術を取捨選択するための意思決定に時間をかけるようになっています。

4. データを活用したプロダクト改善

昔に比べ、データを活用してどう改善を進めるか、つまりファクトを組み合わせて開発することがこの10年でとくに強化されてきました。
「推測するな、計測せよ」という言葉がよく使われます。エンジニアリングにおいても、プロダクト全体においても、計測しユーザーの行動やサーバーの状況に対して統計的なアプローチをすることで、正しい意思決定に繋がりやすくなっています。

大量のデータを適切に収集し、プロダクトの分析に活用してプロダクトの状態を正しく判断することで、より精度の高い意思決定ができるようになっています。エンジニアリングにおいても、自分たちの生産性を可視化し向上させながら、効率良く開発することが求められています。

1.4.3 開発生産性向上によるメリット

エンジニアリングは常にスピードと効率が求められます。具体的に開発生産性向上によって何が求められているのでしょうか。いくつかのポイントを挙げてみます（**表1.3**）。

表1.3 開発生産性向上によって求められるもの

求められるポイント	概要
少ない投資でより多くの成果を獲得	企業は株主から、より大きな売上を作り、利益率の高い組織にすることが求められる。つまり、いかに効率の良い資源の投資と最適化ができるかが求められる。開発生産性が高まれば、限られた状況下での成果も大きくなる
組織の可視化による課題の明確化	開発生産性が具体的な数値として定量化されることで、作業の流れや課題が明確になる。組織の弱点や機会を早期に見つけることで、的確な対応ができるため、可能な限り可視化することが推奨される
改善のサイクル	高い生産性を持つチームは、日常の業務の1つに継続的な改善を行う文化を持っている。この改善のサイクルが、さらなる生産性の向上を生む
プロダクトのサイクルへの貢献	開発生産性が向上すれば、プロダクトのリリースサイクルも短縮され、市場の変化に素早く対応することが可能となる
採用への好影響	高い生産性を誇る組織は、新しい才能を引き寄せる魅力を持っている。これにより、さらなる成長と革新が期待できる

　このように、開発生産性の向上は組織の成長や成功に直結する要因となっています。各組織はその重要性を理解し、日々の業務に取り入れるべきでしょう。以降で、それぞれのポイントを詳しく見ていきます。

少ない投資でより多くの成果を獲得する

　現代のビジネス環境では、効率的に成果を出すことが絶対的な要求となっています。

　技術業界では、エンジニアの採用が難しくなっている現状があります。エンジニアを新たに採用するとしても、採用プロセスに最短でも3ヵ月はかかりますし、

COLUMN **生産性を過剰に追求しない**

　ただし、開発生産性を過剰に追求すると、オーバーワークや品質の低下といった問題が生じることがあります。適切なバランスを取りながら、持続的な向上を目指す必要があるでしょう。「1.4.4　開発生産性向上を推進する上での注意点」でも解説します。

新人エンジニアが実際の業務で成果を上げるまでには、キャッチアップ期間も必要です。

　このような背景から、既存のエンジニアリソースを最大限に活用して生産性を向上させることが不可欠となっています。組織としては、少ないリソースでどれだけのアウトプットを得られるかが、競争力を保つ上でのキーとなるのです。

　組織が直面しているこのリソースの制約に対処するための戦略が求められています。何より、高い開発生産性を持つことで、リソースが少なくともチームのポテンシャルや能力は最大限に発揮できるようになります。

　高い生産性は、エンジニア自身のモチベーションや働きがいにも直結します。成果を効率的に出すことにより、エンジニアは自らの技術的成長やチームとしての達成感を得られ、これが結果として良いプロダクトやサービスへと繋がるのです。

組織を可視化して課題を明確にする

　皆さんは、自分のチームを俯瞰して見た時に「うちのチームは大丈夫」「チームの課題はとくにない」と、どれだけの根拠を持って言えるでしょうか？　実際には見えない部分が多いものです。

　開発生産性向上に取り組む中で、チームの状態や課題を可視化することでより効果的に改善を進められます。自分たちの状況を定量的に知ることにより、「プルリクの数が多いと思っていたが、実際にはそれほどでもなかった」「レビューがうまく回っていると思っていたが、実際にはやり直しが多かった」「全体的に、自分が思っていたよりも開発プロセスは早くなかった」などの課題が見えてくることがあります。

開発生産性が高い組織は改善が進む

　生産性を可視化することで、チームのメンバーは自分たちの状況を把握し、自分たちで改善を進められるようになります。開発生産性を可視化することは、チームの状況を把握し、改善を進めるための第一歩となり得るのです。

　どこが本質的な課題なのか具体的に見えていない状態でがむしゃらに投資をしても、良い成果にたどり着ける可能性は低いはずです。開発生産性が高い組織は、その差は大小あれど定量的に可視化を行い、良し悪しの判断が定性的になりすぎないよう工夫を行っています。

　生産性が高い状態とは、同じタスクを行う場合もより短時間で完了し、より早

く顧客に価値を届けられる状態と言えます。短時間でタスクを片付けた後、新たに生まれた課題や技術的負債の解消などに時間を割くことができるため、継続的な改善が進む状態になるのです。

プロダクトのサイクルに貢献する

さまざまな組織のマネージャーやCTO、技術部門の責任者（VPoE）と話していると、営業やマーケティング以上にプロダクト開発がボトルネックになっているケースがあるようです。エンジニアリングやエンジニアリングを起点とした企画、デザイン、QAなどそれぞれのプロセスに対してエンジニアが貢献できる状態を作ると、プロダクトのボトルネックは徐々に解消され、ユーザーの課題を解決するプロダクトをより早く提供できるようになります。

エンジニアリングがボトルネックである状態を解消すれば、エンジニアが余白の時間を使って企画・デザイン・QAなどにも携わることができ、より良いプロダクトを提供できるようになるのです。

組織の状態が良いと採用に効く

エンジニアであれば誰もが、できるだけ状態の良い組織で仕事をしたいと思うはずです。たとえば技術的負債が少ない組織であったり、技術的負債を解消できる環境であったり、開発施策がたくさん出て施策の精度も高かったりする組織は、エンジニアとして成長できる魅力的な環境だと思います。

組織の状態を良くしながら採用広報をしていくことで、よりハイスキルなエンジニア、成長意欲の高いエンジニアからの応募も増えることが期待できます。

1.4.4 開発生産性向上を推進する上での注意点

開発生産性を追求しすぎないように注意しましょう。

- 仕事をしすぎる状態になってしまう
- 開発生産性の追求がゴールになってしまう

いきすぎた追求によって、たとえば「開発生産性の指標を下げたくなかったので、レビューを適当に済ませてしまった」「手元で開発が終わってからプルリクを作った」など、開発生産性向上の本質から逸れてしまう自体が起こることもあ

ります。

　開発生産性を追求することは大切ですが、盲目的にならず、組織のコンディションを見ながら実施することが求められています。

1.4.5 作るべきものを間違えてはいけない

　本章の冒頭でも解説したように、開発生産性をどれだけ高めて効率的に開発を進めたとしても、作るべきものを間違えてしまえば提供価値は0になってしまいます。開発生産性の向上は、本来作るべきものを素早く、高品質に提供するために重要ですが、それ以前に「本当に作るべきものを見極める」ことが大切です。

　開発生産性を高めること以上に大切なのは、本当に価値のあるものを提供することです。いくら開発スピードを上げても、ユーザーにとって必要のない機能を作ってしまっては意味がありません。高速な開発を実現しているチームであっても、間違った方向に進んでしまうリスクは常につきまといます。「ユーザーへ提供する価値を最大化しなければ、開発生産性向上の意味はない」ということを意識しましょう。

　それでは、このような状況を回避し、提供価値を少しでも上げるためにはどうすれば良いのでしょうか。以下の点を考慮しましょう。

なぜ、いつ、だれが使うのか？

　機能の必要性、使用タイミング、ターゲットユーザーについて、エンジニアの視点からも検討していきましょう。依頼者やプロダクトマネージャーからの情報を鵜呑みにせず、別のアプローチを提案できるかもしれません。

- なぜ：なぜその機能が必要なのか？　ユーザーはなぜこの機能を使うのか？
- いつ：いつその機能を使うのか？　その時ユーザーはどういう状況にいるのか？
- だれ：どのような属性のユーザーか？　ユーザーが社内にいる場合、どの部署／役割の人か？

開発しなくても実現できる方法はないか？

　開発しなくて済むものを開発しないことが一番良い場合もあるでしょう。つまり、提供価値を維持しつつ、投入リソースを最小限に抑えることを目指します。

- すでに同じ機能が存在するか？　まったく同じではないものの、実質的に同じ提供価値を持つ機能があるか？
- 既存の機能を利用、または組み合わせて実現できるか？
- 外部サービスやライブラリを使うことで実現できるか？

シンプルな設計にできないか？

　複雑な機能は、メンテナンスや改修の手間を増大させ、生産性を低下させます。目的の異なる機能の混在や処理の分岐を減らし、シンプルな設計を心がけましょう。

- 複数の関連性のない、異なる目的を担う機能になっていないか？
- その場しのぎでワークフローや処理の分岐を増やすことになっていないか？それらを極力減らして開発できないか？
- 過度に自動化、抽象化することで、何をしているかわからなくなっていないか？イレギュラーケースに対応しづらくなっていないか？

段階的なリリースが可能か？

　大規模な施策では、必須の機能と付加的な機能が混在しがちです。一度にすべてをリリースするのではなく、最も重要な部分から順次リリースすることを検討します。これにより、早期にフィードバックを得て、方向の修正や中止の判断を速やかに行えます。フィーチャーフラグなどの機能を活用し、段階的なリリースを実現しましょう。

　このように、エンジニアは単なる実装者ではなく、ビジネス価値に繋がる開発を主体的に考える存在であるべきです。開発生産性の向上は、正しい方向性と組み合わせてこそ意味を持ちます。

1.5 DevOps の歴史と開発生産性

DevOps は、開発者だけではなく組織の多くの部門に影響を与え、組織全体で取り組むべき考え方です。このセクションでは、過去の State of DevOps Report をもとに DevOps の歴史をふりかえりながら、開発生産性の向上がなぜ必要なのか、向上によって何が得られるのかを見ていきます。

1.5.1 DevOps とは

DevOps という言葉は、Patrick Debois 氏と Andrew Shafer 氏によって提唱された概念で、2008 年のアジャイルカンファレンスにおいて、Shafer 氏が「アジャイルインフラストラクチャ」というセッションで発表したことがきっかけとなっています。開発と運用を別にするのではなく、一貫したソフトウェア開発とその効率化を行うことで、よりソフトウェアが運用・保守しやすい状況を作り続けることを目的としています。

DevOps は、開発者だけではなく、組織の IT ガバナンスや品質保証など多くの部門に影響を与え、組織全体で取り組むべき考え方になっています。単純にプロダクトの機能追加を行うだけではなく、プロダクトをいかに効率良く作り、いかにリスクを最小化し、ビジネススピードのボトルネックにならずにプロダクトの力でビジネスを加速させられるかというものになっているのです。

1.5.2 Puppet 社の「State of DevOps Report」

Puppet Labs（以降、Puppet 社）の調査「State of DevOps Report」は 2013 年から取り組まれており、現在では DevOps に関する大規模な調査として広く知られています（**図1.1**）。2013 年頃に多くのソフトウェア開発企業に普及し、ソフトウェア開発が効率良く行われるようになってきました。

図 1.1 Puppet 社の Web サイト「The History of DevOps Reports」
https://www.puppet.com/resources/history-of-devops-reports

　2015年頃からは、プロダクトだけではなく従業員満足度やモチベーションに
関わることも報告されるようになりました。

　noteの記事「LeanとDevOps生産性の神話(1) - 11年目のState of DevOps
Report」[注1.6] によると、2018年頃にはDevOpsの調査を進めていたPuppet社と
Googleに買収されたDORA（DevOps Research and Assessment）とで2種類の
DevOpsの調査が行われるようになりました。また、2021年頃からはPuppet社
のDevOpsの調査はプラットフォームエンジニアリングの調査に変化したこと
で、「State of DevOps Report」から「State of Platform Engineering Report」に
変わり、DORAが引き続きDevOpsの調査を行っています。

注1.6　「LeanとDevOps生産性の神話(1) - 11年目のState of DevOps Report」(シリコンバレー
　　　からのノート)
　　　https://note.com/ishiguro/n/n12f6ac8a70a9

ここからは、2013年からの「State of DevOps Report」をふりかえりながら、DevOpsの歴史と開発生産性について詳解します。

2013年の調査から：60%の企業がDevOpsを採用し、良い成果に繋がっている

先ほども書いた通り、DevOpsの概念は2008年に提唱され、5年ほどの間にものすごいスピードで浸透しました。2013年の「State of DevOps Report」において4,000人の開発者にアンケートをとったところ、DevOpsが効率良く実現できている好業績な組織ではデプロイが1日数回行われ、同業他社よりも30倍の頻度のデプロイと8,000倍のスピードのデプロイ速度を誇り、障害が50%も減少、2倍の変更成功率になり、サービスの復旧も12倍速いという結果が出ています。

2014年の調査から：パフォーマンスの高いIT組織を持つ企業は、収益性、市場シェア、生産性の目標を上回る可能性が2倍高い

2013年の調査では、DevOpsの概念を取り入れて効率良く実現できている企業にフォーカスを当てていましたが、2014年の調査では、より大きな範囲の組織文化について触れています。

組織文化とは、たとえば企業や組織が共有する価値観、信念、慣習、行動様式などを指します。こうした文化が、ITパフォーマンスと全体の組織パフォーマンスに大きな影響を与えることがわかってきました。ハイパフォーマンスが出るIT組織は、利益、市場シェア、生産性の目標を超える可能性が2倍高いという結果になったということもわかってきました。

また、職務満足度が組織パフォーマンスの最も強い予測因子であるということも書かれています。従業員が自分の仕事に満足しているほど、組織全体のパフォーマンスが高まるという関係が出ているのです。

職務満足度が高い従業員はモチベーションが高く、仕事に対しての意識が高いことで生産性が向上し、クリエイティブな業務に繋がるようです。また、職務満足度が高い環境では従業員の離職率が低く、チームワークが発揮されているということがわかるため、組織パフォーマンスを向上させる上では「組織がうまく成長していけるかどうか」を予測する重要な指標として職務満足度を活用できるということがわかりました。

2015年の調査から：DevOpsだけではなく、マネジメント手法も重要視されるようになってきた

高い業績のIT企業は、業績の低い企業と比べて障害が60分の1、障害からの回復が168倍速い状況であることが2015年のレポートでも示されました。また、リードタイムを200分の1に短縮し、導入頻度を30倍高めていることもあります。

新規開発のアプリ、既存のアプリ、古い非効率なアプリなどさまざまなアプリケーションが世の中には存在しますが、それらのアプリケーションであってもDevOpsは有効活用できるということもわかってきました。

また、DevOpsを推進する上では、トップダウンのみでも現場からのみでもうまくいかず、全員で推進していくことが大事であることが示されています。

リーンマネジメント注1.7と継続的デリバリーの実践により、価値をより早く持続的に提供できるようになることがわかりました。ただし、過剰に効率化を求めすぎると従業員に負荷がかかるので注意が必要そうです。

本レポートでは、組織における多様性が組織のイノベーションとパフォーマンス向上に重要であることも書かれています。本書を執筆した2024年時点では、多様性の重要さは多くのIT企業で理解されていることと思います。

DevOpsをさらに良いものにしていこうとすると、エンジニアリングマネージャーの存在が大事になってきます。たとえば、エンジニアリングマネージャーがDevOpsを推進する上でのリーダーシップを取り、デプロイメントの痛み注1.8を取り除くことで、燃え尽き症候群を予防できるということが示唆されています。

2014年以前の状況に加えて、より広範囲に組織全体を通じてDevOpsを実現していくことが大事であることがわかってきたかと思います。

2016年の調査から：従業員に対する投資はIT企業のパフォーマンスに繋がる

2016年のレポートでは、リーンマネジメントプラクティス、アプリケーションアーキテクチャ、DevOps変革におけるITマネージャーの役割、多様性、デプロイの痛み、燃え尽き症候群について詳しく調べてきたようです。

例年の報告と同様に、さまざまな指標について高い業績の組織は低業績の同業他社を大きく上回っており、デプロイ頻度は低い企業に比べ200倍、リードタイムは2,555倍、復旧までの時間は24倍速く、変更の失敗率は3分の1ということが明らかになりました。

注1.7　リーンマネジメントは、無駄を排除し、効率を最大化することを目的とした経営手法です。
注1.8　デプロイ時に不整合が起こったり、ヒューマンエラーが起こったりするなどのデプロイに対する苦痛を指す言葉です。

また、IT企業のパフォーマンスは技術的な要素だけではなく、それ以上に多くの要素から成り立ち、テクノロジーにお金を投資するだけではなく人材にも投資する必要があることがわかりました。とくに高い業績の企業は、従業員ネット・プロモーター・スコア（eNPS）で測定した従業員ロイヤルティが高い状態になっています。

　その他にも、高い業績の組織は計画外の作業や手戻りに費やす時間を22％削減し、新機能や新コードなどの新しい作業に費やす時間を29％増やせる状態になっています。

　2015年から続くように、プロダクトを開発することに投資するだけではなく、組織における人材に投資することの大事さを再認識した調査になりました。

2017年の調査から：DevOpsはリーダーシップも大事で、財務に対しても良い影響を与える

　過去6年間では、27,000を超える「DevOpsの現状」調査への回答から、DevOpsの実践がITチームと組織に顕著な成果をもたらすという明確な証拠を見つけました。

　さらに2017年は、変革的リーダーシップ、自動化プラクティス、継続的デリバリー、リーン製品管理、および非営利団体や既製のソフトウェアを使用する組織におけるDevOpsに関する新たな発見もありました。

　リーダーシップは、DevOpsの変革を実現する上で大事なビジョンと方向性を示します。その他にも、業績の高いチームは業績の低いチームに比べて自動化を多数実現しており、自動化によって効率性とパフォーマンス向上ができているケースが多いことがわかりました。

　また、アーキテクチャとチーム構造は、より独立性が高く柔軟性のある環境を促進することでITパフォーマンスを向上させていることが新たにわかり、どのようなアーキテクチャにするかはチーム構造に依存するコンウェイの法則などが成り立つことも示されました。さらに、DevOpsは組織の財務目標と非財務目標の達成を支援し、ビジネスの成果と競争力に繋がるなど、エンジニアリングから事業貢献ができるということも示されています。

2018年の調査から：可用性とSDOパフォーマンスの概念導入

　この年からは、DORAの「Accelerate: State of DevOps Report」を参照しています。

2017年までのレポートでは、デプロイ頻度、リードタイム、平均修復時間（MTTR）などの指標でソフトウェアデリバリーのパフォーマンスを評価していましたが、2018年版では、これらに加えて「可用性」も重要な指標として取り入れました。可用性とは、ソフトウェアやサービスがどの程度の稼働率になるかなど、ユーザーがアクセスできる状態を維持する指標です。つまり、ソフトウェアを開発・デリバリーするスピードや効率性だけでなく、それが実際に安定して機能し、ユーザーに価値を届けられているかどうかも評価の対象になったということです。

そして、これらを統合した「ソフトウェアデリバリーとオペレーションのパフォーマンス（SDOパフォーマンス）」という新しい概念を提示しました。

分析の結果、SDOパフォーマンスは、ソフトウェアデリバリーパフォーマンスや可用性単独の指標よりも、組織のパフォーマンス（生産性、収益性、市場シェアなど）により強く影響することが明らかになりました。DevOpsの成功指標として、エンドユーザーに価値を届けるという観点から、開発から運用までを統合的に評価する新しい枠組みを提示したと言えるでしょう。これにより、組織がDevOpsの取り組みの成熟度を多面的に測定し、改善のポイントを見極められるようになりました。従来の開発中心の指標から、より業務価値に直結した指標へとシフトしたことが、2018年版の大きな特徴です。この頃から世間でもSLO（サービスレベル目標）の概念が徐々に広まっていき、SREの考え方も広まっていきました。

2019年の調査から：ハイパフォーマンスなチームは柔軟性に富み、変更プロセスも迅速

最もパフォーマンスの高いグループ（エリート）の割合がほぼ3倍になり、全体の20%を占めるようになりました。卓越した能力を持つチームが増え、その結果、全体のパフォーマンスが向上していることが示されました。

また、ソフトウェアを迅速に、高い信頼性で、安全に提供することが、テクノロジー変革と組織的なパフォーマンスの中核にあること、エリートグループは、組織のパフォーマンス目標を達成または超える可能性が2倍高い状態になっていることが示されました。

その他にも、DevOpsを組織に広げるための戦略は、コミュニティ構造の構築に焦点を当てるものでした。高いパフォーマンスのチームは、コミュニティづくりやPoCなどの手法を好む傾向があり、組織変更や製品変更に対してより柔軟

性があるようです。

　生産性の向上は、ワークライフバランスの改善と燃え尽き症候群の減少に繋がります。組織はこれを支援するためにツール、情報検索、柔軟で拡張性のある可視化システムによる技術的負債の削減に取り組むことが大事です。変更をリリースするのに重い変更承認プロセスが必要な場合、スピードと安定性に悪影響を及ぼしますが、良い変更プロセスはスピードと安定性を高め、燃え尽き症候群も減らします。

　いくつかのポイントを2018年と比較すると、とくエリートパフォーマーの割合の増加やエリートチームのリードタイム短縮など、業界全体のパフォーマンス向上が見られました。その一方で、重い変更管理プロセスの弊害などは2018年から一貫して言及されている課題でもあります。組織がDevOpsの導入を進める際は、まず基盤を固め、次に継続的改善の姿勢をもって制約となっている点を特定することが重要だと提言しています。調査で明らかになったプラクティスや能力を参考に、各組織が自身の状況に合わせて取り組むことが求められます。

2020年の調査から：DevOps化を進めるとコスト削減だけではなくビジネス価値創出に繋がる

　Accelerate: State of DevOps レポートの主要指標とROIの計算方法を用いて、エリート、高、中、低パフォーマーがDevOpsを進めた場合の潜在的な価値を予測しています。また、組織が自社の数値を用いて生産性を計算し、潜在的なROIを見積もる方法も提示しています。役職者や経営者、財務担当者が組織内のテクノロジー変革を推進する際に、DevOpsツールへの投資に関する強力なビジネスケースを作成するため、業界ベンチマークと自社の数値を用いてコストとリターンを定量化できます。

- 無駄な作業の削減により得られる価値
- 新機能への再投資によって得られる潜在的な価値
- ダウンタイムの削減によるコスト節約

　これらの価値を算出し、DevOps化への投資額と比較したROIを算出します。
　トップ企業は、テクノロジー変革においてコスト削減よりも価値創出を優先しています。スタートアップなどの企業は、スピードを最適化することでコスト削減を実現しています。

さらに、DevOpsのベストプラクティスを採用することで、セキュリティリスクの低減、従業員の燃え尽き症候群の減少、所属チームへの満足度向上など、財務以外のメリットがあることも示されました。DevOps変革への投資は、IT部門の効率化に留まらず、組織全体のパフォーマンスとビジネス価値の向上に繋がることを明確にした内容となっています。

2021年の調査から：パフォーマンスの加速とパンデミックにおける変化

2020年からCOVID-19によるパンデミックが発生しましたが、調査は続けられました。2021年では、最もパフォーマンスの高いエリートのグループは成長を続け、水準がさらに向上しています。変更のリードタイムが短縮され、業界全体でパフォーマンスの加速が見られる結果となりました。

前年からの変化としては、エリートパフォーマーの割合が26％に増加し、業界全体でのパフォーマンス向上が見られました。また、SREプラクティスの採用、セキュリティとドキュメントの重要性など、新たな知見が得られています。

SREとDevOpsはお互いを補うような関係性にあり、SREのプラクティスを採用しているチームは、より高い運用パフォーマンスを達成していることがわかりました。

徐々にクラウドの活用が進み、**クラウドの本質的特性**をすべて活用したチームは、ソフトウェア開発と運用のパフォーマンス、および組織のパフォーマンスが向上しました。クラウドサービスを利用するだけでなく、機能を十分に活かしたアーキテクチャを作る必要性を説いています。

5つの本質的特性とは、米国国立標準技術研究所（NIST）が定義する以下の特性です。

- **オンデマンド**
  必要に応じてコンピューティングリソースを自動的にプロビジョニングでき、クラウドプロバイダーの人的な介入を必要としない
- **幅広いネットワークアクセス**
  アクセス機能が広範に利用でき、スマートフォン、タブレット、ラップトップ、ワークステーションなど、さまざまなクライアントプラットフォームからアクセス可能である
- **リソースのプーリング**
  プロバイダーのリソースは、マルチテナントモデルでプールされ、物理的およ

び仮想的リソースが顧客の需要に応じて動的に割り当てられる。顧客は通常、地域を除きリソースの正確な場所を制御できない

- **迅速な拡張性と縮小性**
  機能を迅速にプロビジョニングおよびリリースでき、需要に応じて迅速にスケールアウトおよびスケールインできる
- **サービス使用料に応じた課金**
  クラウドサービスの使用量（ストレージ、処理、帯域幅、アクティブユーザー数など）を計測し、それに基づいて課金される

　2021年のレポートでは、セキュリティプラクティスを組み込んだチームは、より迅速に高い信頼性と安全性でソフトウェアを提供していることがわかりました。また、内部ドキュメントの品質はDevOpsを効果的に機能させるための基盤であり、高品質のドキュメントを保有するチームは技術実装でも優れているという関係性がわかりました。

　さらに、ポジティブなチーム文化を持つ組織では、パンデミックの最中でも従業員の燃え尽き症候群が少ないことが明らかになりました。DevOpsの原則とプラクティスを適切に実践することで、チームはより良いパフォーマンスを維持できることが示されたのです。

2022年の調査から：セキュリティと組織のパフォーマンス

　この年は、ソフトウェアサプライチェーンのセキュリティに重点を置き、組織のパフォーマンスを向上させる要因について深く掘り下げた内容になっています。

　アプリケーション開発におけるセキュリティ対策のために将来を予測する「予測因子」は、技術的ではなく文化的なものでした。パフォーマンス重視の文化、心理的安全性の高い文化は、セキュリティ対策に大きな影響を与えていることがわかりました。アプリケーション開発時のセキュリティ対策は、開発者の燃え尽き症候群の減少や、チームが機能的に動けているかどうかにも影響を与えています。

　また、組織のパフォーマンスに影響を与える重要な要素は、組織やチームの文化、信頼性、クラウドの利用など、複数の領域にまたがっています。ベストな方法が存在するわけではなく、組織やチームが置かれた状況が重要であり、チームの特性や環境を理解することが不可欠です。そして、高いソフトウェアデリバリー

のパフォーマンスが組織パフォーマンスに良い影響を与えるのは、運用パフォーマンスも高い場合のみであることが示されました。

　継続的な改善の必要性を認識しているチームは、そうでないチームよりも高い組織パフォーマンスを発揮する傾向があります。そのため、チームはDevOps手法を用いて独自の試行錯誤に取り組むべきと述べています。

　いくつかの予想外の発見もあり、従来の知見と異なる結果も見られました。たとえば、トランクベース開発がソフトウェアデリバリーパフォーマンスに悪影響を及ぼすなどです。

　継続的な改善の重要性が再確認され、チームが自らの状況に合ったDevOpsの実践を探求することの価値が強調され、DevOpsの実践と成果の関係性がより複雑であることが再認識されました。

2023年の調査から：生成的な文化とユーザーを重視するチームのパフォーマンスの高さ

　この年のレポートには、「生成的な文化」という言葉が初めて登場しました。生成的な文化とは、「組織やチームが変化に対して柔軟で、新しいアイデアを奨励し、連続的な学習と改善を重視する」文化です。そして、失敗から学ぶ価値観を持っています。

- 生成的な文化を持つチームは、組織のパフォーマンスが30％高い
- ユーザーを重視するチームは40％高いパフォーマンスを発揮する
- コードレビューの迅速化は、ソフトウェアデリバリーのパフォーマンスを50％向上させる

　質の高い文書は、技術的能力が組織のパフォーマンスに与える影響を増幅させ、トランクベースの開発では質の高い文書があると12.8倍の効果が見込めることがわかりました。

　前年のレポートでも、文化の重要性や技術的能力の向上が示されていましたが、2023年はコードレビューやドキュメンテーションの質の重要性がより強調されています。とくにコードレビューの迅速化は、疎結合チームのメリットの1つとして50％ものパフォーマンス向上効果が指摘されており、生産性向上のための具体的施策として注目すべき内容です。

　クラウド利用についても、柔軟性のないインフラと比べて30％高い組織パ

フォーマンスが見込めると分析されており、クラウドの価値を最大限引き出すには、その特性を活用した柔軟なインフラ設計が重要だと指摘しています。仕事の偏りや燃え尽き症候群についても言及されており、公平な仕事配分の重要性が示唆されています。

全体として2023年版のレポートでは、健全な文化、ユーザー重視、コードレビューの迅速化、質の高いドキュメンテーション、クラウドの柔軟性活用、公平性の確保といった点に焦点を当てつつ、具体的な数値を示しながら組織のパフォーマンス向上のための施策をまとめ上げています。

1.5.3 総括

ここまで、2013年から2023年のレポートを要約し、大事なポイントだけ抜粋して紹介しました。2023年以降もDevOpsは進化し続けています。

最初は「開発プロセスにおいて開発と運用を一体化させることで、エンジニアリングに対して良い影響がある」という調査だったものが、約10年の間に「DevOpsは組織全体で取り組み、技術だけではなく人へも投資し、マネジメントを強化することで、よりIT企業の業績に繋がってくる」ことがわかってきました。

また、2018年頃からは、セキュリティに関しても日々取り組む状態を作ることで会社のリスク管理やセキュリティに関するアクションに繋がるなど、DevOpsとDevSecOpsの定常的な実現を目指していくことが大事であるということがわかりました。単純に良い数値を出すだけでなく、チームの文化やユーザーに対する配慮、コードレビューやドキュメンテーションの質の向上、クラウドの柔軟性の活用、公平性の確保など、より総合的な視点で取り組むことが重要であると言われるようになっています。

DevOpsの調査をスタートした2013年からの約10年間で、DevOpsは非常に複雑なものであることが明確になってきました。我々はそれぞれの重要なポイントを押さえ、徐々にあるべき姿に近づけていくことで、売上やKPIなどに繋がるようなプロダクト開発ができるでしょう。

また、2024年以降はChatGPTやCopilotの活用によって開発プロセスやDevOpsに変化が起きています。今後、エンジニアリングは別物になるくらいの進化を遂げ、ビジネスに貢献していくのではないかと推測されます。

開発生産性向上のための
ステップを知る

第 1 章では、開発生産性とは何か、開発生産性の向上によって何が得られるのか理解を深めました。続く第 2 章では、開発生産性を向上させるための 7 つのステップを紹介します。本章を読むことで、開発生産性を向上するための流れや取り組むべき内容の全体像を掴めるでしょう。

- 現状の可視化〜課題の優先付け
    1. 開発生産性に対する理解をチームで深める
    2. 開発生産性の現状を可視化する
    3. 改善すべき課題を特定し、優先順位をつける
- 目標の設定と改善の実施
    4. 目標設定と改善策の立案
    5. 改善策の実行とモニタリング
    6. 改善効果の評価と次のサイクルに向けた方針の更新
    7. 継続的な改善への意識づけ

2.1 現状の可視化〜課題の優先付け

開発生産性を高めるためには、何を開発生産性と呼ぶかをチーム内で共有した上で、可視化を行い、改善に向けた取り組みを行うべきです。このセクションでは、開発生産性の現状を可視化し、その結果から課題を見つけていくステップについて解説します。

2.1.1 開発生産性に対する理解をチームで深める

開発生産性を高めて、効率良く開発することの重要性は、多くの優秀なエンジニアの方々が理解していることでしょう。しかし、まだ世間一般で広く認識されるまでには至っていません。

開発生産性向上に向けた最初の重要なステップは、第1章で述べたように、

- 開発生産性をなぜ高める必要があるのか
- 自分たちにとってどのようにポジティブな結果に繋がるのか

について、チームのエンジニア全員が理解を示し、ノウハウや考え方を共有する状況を作ることです。こうした状況を作り上げ、チームの仕組みや業務の改善に繋げられる環境になっていれば、開発生産性に対しての理解もさらに深まるはずです。

否定的なメンバーへの対応

開発生産性についての理解が足りていなかったり、否定的な考え方を持っていたりするメンバーがチームの中にいる場合もあるでしょう。こうしたメンバーに対しても理解を促し、共有を進めていくことが求められます。

新しいことを始めようとする時、過去の成功体験や現状維持バイアスなどから、導入に否定的になってしまう人がいるかもしれません。まず、開発生産性を高め

ることに対してなぜ否定的なのか、その人が何に対して不安を感じているのか、ヒアリングすることから始めると良いでしょう。

よく挙がる否定的な意見として、たとえば「定量的な観点で可視化をすると、自分の業務が監視されているように感じる」というものがあります。しかし、業務の監視とは言い方を変えれば「自分の業務がどれだけできているのか、チーム内での認識を揃える」ことでもあるのです。

もちろん、コードの行数やコミットの回数がすべてではありません。しかし、サーバーのリソース使用状況を可視化した上で特定条件下でどのような挙動にするかを判断するのと同様に、開発においても普段の業務と比べて今日の業務がうまく進んでいるかどうかのバロメーターとして活用することが可視化の目的なのです。

監視しているのではなく、通常通りうまく動けているのか、そうではない時にはどのような課題が生じているのか、特別なことが起こって通常以上に業務が進んでいるのか……。可視化した情報をふりかえりに使うことで、自分自身を成長させるためのきっかけになると考えています。

このように、可視化の目的やメンバー自身が得られるメリットについて、丁寧に説明していく必要があるでしょう。

浸透を急ぎすぎないことも大切

開発生産性を高めるという言葉から想像される業務内容は、人によってさまざまです。そこで、まずは小さく始め、小さな成功体験を積んだ人のノウハウをチーム内外に展開していきましょう。こうすることで、全社的な大きな改善にも繋がります。

一気に浸透させようとはせず、少しずつチーム内での理解を深めていきましょう。理解が足りていない人に対する課題のヒアリングを実施し、メリットや事例などを伝えながら徐々に理解を得ていくことが大切です。

開発生産性向上の取り組みは、誰か1人だけの力では成り立ちません。CTOやVPoEなどの役職者だけが頑張っても、現場のエンジニアだけで頑張ってもうまくいきません。少なくともチーム全体で理解を深め、成功体験を積むことを大切にしましょう。そこから徐々に、組織全体へと理解が広まっていくはずです。

2.1.2　開発生産性の現状を可視化する

開発生産性向上に取り組むにあたっては、**現状を正確に把握**することが重要で

す。全体を俯瞰して見ながら、開発生産性向上に取り組む上で何が課題なのか、チームや組織での認識を揃えることがとても大事になってきます。

課題の認識を揃える上では、

- 各々が何に課題を持っているのかのすり合わせ
- 定性的な観点での現状認識
- 定量的な観点での現状認識

を行います。定性的な観点、定量的な観点の両方を挙げるようにすると良いでしょう。

とくに、定量的な指標に対する理解度が高くない場合は、まずは定性的な観点から「理想の状態」について抽象的な議論を行ってみるのが1つの方法です。その上で定量的な数値を出し、その値が良い状態なのか悪い状態なのかといった認識を合わせることが大切です。以降で詳しく解説します。

定性的に開発生産性の現状認識を揃える

2.1.1を参考に開発生産性に対する理解をチームで深めている状態であれば、まずは定性的な観点から、理想の状態について抽象的な議論を行いましょう。**表2.1**に、開発生産性向上における定性的な観点をいくつか挙げます。

定量的な数値の良し悪しに対して語る前に、チームのメンバーが何をどう捉えているか、一度発散させてみるのも手段の1つです。

表2.1 開発生産性向上における定性的な観点の例

観点	補足
開発生産性についての共通認識	そもそも開発生産性とは何かをチームで話し、共通認識を持つ。とくに、インプットとアウトプットをそれぞれ何と考えているのかを知る
現状の課題感	開発生産性に対する現状の課題感をリストアップする。たとえば、バグが多くrevertが発生しやすい、リリース作業に時間がかかっている、など
開発生産性が高い状態についての共通認識	開発生産性が高いとはどのような状態なのかをチームで話し、共通認識を持つ。たとえば、毎日デプロイする、とある企業の開発フローと同じ状態が実現できる、など
取り組みのアイデア	こういう取り組みをして開発生産性を上げたい、というアイデアをチームで出し合う

定量的に開発生産性の現状認識を揃える

定性的な観点での現状認識ができたら、定量的な数値を出し、その数値についての認識（良い状態なのか、悪い状態なのか）を合わせることが大切です。

第1章でも解説した通り、将来的には開発生産性レベル2や3を追っていくことが必要になります。しかし、まずはエンジニアチーム、もしくはエンジニア個人でコントロールできる範囲で、現在の開発生産性が100点満点中何点なのかを知ることから始めましょう。繰り返しになりますが、どれだけのアウトプットができたかを確認し、最終的にそのアウトプットがアウトカムやユーザー価値に繋がっているかどうかが重要です。

開発生産性レベル1の指標を確認するだけでも、後述する課題の発見に繋がります。ここでは、代表的な指標であるFour Keys（DORAメトリクス）とSPACEフレームワークを簡単に紹介します[注2.1]。

簡単に可視化でき、コントロールしやすい指標とは

まず、自分たちがコントロールしやすい指標を見てみることを考えると良いでしょう。たとえば、以下のような指標が挙げられます。

- 1日あたりの、1人あたりのプルリクエスト作成数
- 1日あたりの、1人あたりのプルリクエストレビュー数
- プルリクエストを出してからマージまでの時間
- レビューを依頼されてからレビュー着手までの時間

詳しくは第4章で解説しますが、これらの指標から「どの程度の頻度で改善作業が進んでいるか」「チーム内でプルリクエストに関してのコミュニケーションがうまく進んでいるか」が見えてきます。

これらの指標は、KPIや売上などには直接繋がらないものです。しかし、指標が改善されることによって、KPIや売上にも間接的に影響を与えることがあります。たとえば、プルリクエストのレビューが早く終わることより、バグの発見が早くなります。また、リリース後の不具合が減ることでユーザー満足度が向上し、アクティブなユーザー数が増えるなどといった影響が考えられます。

注2.1 詳しくは第4章で説明します。また、これらの指標を用いた具体的な改善事例については、第5章以降を参照してください。

Four Keys（DORAメトリクス）の計測と分析

Four Keysは、DORA[注2.2]が提唱する開発生産性の4つの重要な指標です。DORAメトリクスとも呼ばれます（**表2.2**）。

この指標は、2013年から2017年にかけてGoogleが行った調査の結果をもとに提唱されました。

エンジニアチームにとって、まず取り組みやすいと考えられる指標は**デプロイ頻度**です。ブログ記事などを参照する限り、日本国内でもデプロイ頻度から取り組んでいる企業が多いようです。

デプロイ頻度については、実装などの準備をすることなく、手動でカウントするだけでも可視化が可能です。たとえば、SlackやGitHub Actions、リリースブランチのプルリクエスト情報などから、今週何回のデプロイが行われたかを数えるのです。デプロイ頻度の自動カウントや通知などを行っていない場合、この段階で、「そもそもデプロイ頻度自体が多くない」ことがわかるかもしれません。

大規模なチームで全体像が掴みにくい場合も、デプロイ頻度であれば「月に1回」「月に4回」「月に20回」といった具合に、おおよその状況は把握できるはずです。より正確に把握したい場合は、デプロイの集計を自動化することを検討してください。

理想的には、これらの指標を毎日自動で集計し、スクラムのセレモニーなどで定期的に共有できる状態にすることをお勧めします。

また、自社のFour Keysの値がわかると、「DORA Quick Check」のサイト（**図2.1**）でベンチマークと比較することもできます。

Four Keysについては第4章でも詳しく解説していますので、そちらも参照してください。

SPACEフレームワークを用いた多角的な評価

SPACEフレームワークは、より包括的な指標を用いてソフトウェア開発チームのパフォーマンスを測定するためのフレームワークです。**表2.3**の5つの側面から評価を行います（第4章でも詳しく解説します）。

表に挙げたSPACEフレームワークの5つの指標をすべて計測するのは大変です。しかし、これらの指標は社員のエンゲージメントにも繋がりますし、チームの健康状態、コミュニケーション、協力体制など、Four Keysの指標だけでは見

注2.2　https://dora.dev/

表 2.2 Four Keys（DORA メトリクス）の 4 つの指標

指標	概要
①デプロイ頻度	新しいコードがプロダクション環境にリリースされる頻度。これは、開発チームの効率性と、変更を迅速に提供する能力を測定する
②変更のリードタイム	コードの変更が行われてからプロダクション環境にデプロイされるまでの時間。これは、開発チームの敏捷性と、価値を素早く提供する能力を測定する
③変更失敗率	プロダクション環境へのデプロイ後に、障害や問題が発生する割合。これは、リリースプロセスの質と変更管理の効果を測定する
④平均修復時間	システム障害が発生してから、サービスが復旧するまでの平均時間。これは、システムの回復力と問題解決の能力を測定する

図 2.1 DORA Quick Check（DORA）
https://dora.dev/quickcheck/

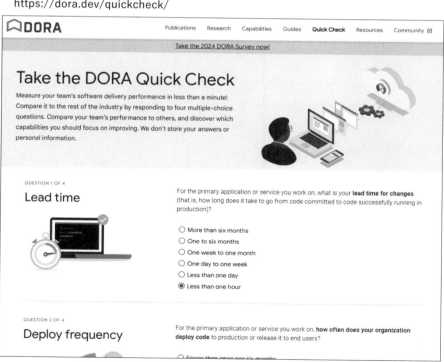

表2.3 SPACEフレームワークの5つの指標

指標	概要
Satisfaction and Well-being：満足度と幸福度	チームメンバーや利害関係者の満足度。チームの士気やモチベーション、プロジェクトの成果に対する満足度など
Performance：パフォーマンス	チームの生産性や効率。タスクの完了速度、品質、達成された成果の量など
Activity：活動	チームメンバーの具体的な活動や行動。コミュニケーションの頻度、会議への参加、作業時間の管理など
Communication and Collaboration：コミュニケーションとコラボレーション	チーム内／チーム外でのコミュニケーションの質と量
Efficiency and Flow：効率とフロー	リソース（時間、予算など）の使用効率

えない側面も評価できるという利点があります。

　ここで大事なのは、どちらかのフレームワークを使えば良いというわけではない点です。2つのフレームワークはお互いに補完関係にあるため、両方の指標を見ることで、より多角的な評価ができると考えられます。

まずは見てみること

　このように、開発生産性を可視化する上ではさまざまな指標があります。どのような指標を使う場合にも大切なのは、自分たちの開発組織における課題・改善策を見つけることを目的として、開発生産性の知識を持ちながら現状について見てみることです。

　他の組織などの事例を鵜呑みにして、「じゃあプルリクエスト作成数を増やそう！」とするだけではあまり意味がないかもしれません。自分たちの現状を知り、課題を知り、そこから改善策を見つけて優先順位を決めることが大切です。

2.1.3 改善すべき課題の特定と優先順位付け

　開発生産性の現状を可視化すると、チームの強みと弱み、改善すべき点が見えてきます。「思っていたよりも課題がないな……」「あれ？ レビューまでが結構遅いかも……」など、可視化によって得られたデータや知見をもとにチームで課

図 2.2 State of DevOps Report（Google）
https://cloud.google.com/devops/state-of-devops

題を共有しましょう。

可視化された指標の確認

まず、定量的な指標を確認しましょう。どれが良い、どれが悪いといった判断は、他の組織／開発チームの平均と比較できるものがあると良いでしょう。

たとえば Four Keys の値であれば、Google が公式に「State of DevOps Report」として計測結果を公開しています（**図2.2**）。計測結果から「エリート（Elite）」「高（High）」「中（Medium）」「低（Low）」の4クラスタに分類されますので、自分たちで計測したデータがどの領域に入っているかを確認してみましょう。

4つのメトリクス（P.43の**表2.2**）それぞれがどの位置に属しているのかを確認し、「Medium」→「High」→「Elite」と向上させられるように取り組んでいきます。

その他にも、メトリクスごとに時系列データを分析し、指標の推移やトレンドを把握することも重要です。増減が大きい日や平均から外れている週など、どんな出来事があったかを確認しましょう。また、定性的な情報とも照らし合わせます。

たとえばリリース直前に忙しくなったり、メンバーの異動・退職が発生したり、特定のプロジェクトが開始したり、問い合わせが増えたりするなどの内的要因として何があったかをふりかえります。その他にも外的要因として特定の事象や時期に影響を受けることもあります。たとえば経済的な影響を受けたり、年末年始や大型連休時はその前後にメンバーが有給休暇を取ったりするなどの理由で各指標が低下するなどです。

さらに、「この結果を受けてどう感じたか」「振り返ってどうか」などのヒアリングやアンケートをチームメンバーに対して行い、その結果と定量的な指標とを比較します。最終的に、定性的な情報から、定量的な指標だけでは見えない課題を特定することで、チーム全体での課題が明確になってきます。

チームでの課題の洗い出しと原因特定

指標の確認が完了したら、チームで課題をリストアップし、議論を行いましょう。それぞれの課題についてメンバーの解釈や意見の交換をします。

- 1人あたりのプルリクエスト作成数が、1週間に1件では個人的には少ないと感じている。メンバーの状況がわかりにくく、レビューもしにくい
- レビューしてもらうまでに3日かかり、遅いと感じる。レビューは丁寧で良いのだが、自分の作成したプルリクエストについて思い出すまでに時間がかかり、非効率だと感じる
- 2週間に1回、1日かけてデプロイ作業を行っており、QA業務で1日が終わってしまうため開発作業が進まない

このように意見を交換し議論をする中で、「何が一番のボトルネックになっているのか」を深堀ります。

1人あたりのプルリクエスト作成数が少ない原因は?

- コーディングスピードも課題だが、そもそものタスクが大きすぎるためプルリクエストを作成するまでに時間がかかっている
- APIの仕様策定から実装まで1人で行っているため作業量が多く、完成させて

から1つのプルリクエストとして作ることが多い

レビューの着手が遅い原因は?

- レビュー着手に対しての優先順位がチームでバラバラ
- 依頼する人によっては、レビューしてもらうまでに何日もかかってしまう
- チームのルールが制定されていないために、レビュー着手が遅れてしまっている可能性が大きい

デプロイ頻度が少ない原因は?

- QA業務をチームメンバーが兼務しており、専任のQAメンバーがいない
- 自動テストが書けておらず、挙動をすべて手動で丁寧に確認してリリースする必要がある
- どちらも要因としては大きいが、自動テストを書かずにプルリクエストを作るケースが多いためにテストカバレッジが低く、安心してリリースできない

これらはあくまで一例ですが、原因の特定を行い、それぞれの課題に対して解決策を考えます。

課題への対策の立案

具体的な対策については第5章からの事例紹介にも掲載しています。また、さまざまな企業のテックブログ、QiitaやZennなどのドキュメント共有サービスにて知見が公開されているケースがあり、参考になるでしょう。たとえばファインディが運営する「Findy Team+ Lab」(**図2.3**)では、各社における取り組み事例も公開しているため、ぜひ参照してください。

では、具体的な改善策を検討していきましょう。まず、どのようなアプローチが考えられ、どのような解決策を実現するかを検討します。

たとえば、1人あたりのプルリクエストの作成数が少ない課題に対しては、次のアプローチが考えられるでしょう。

- タスクサイズが大きい場合はタスクを分割する
- 同じプルリクエスト内で複数のタスクをこなさないようにする
- 追加で依頼されたものは別プルリクエストで対応し、まずはタスクを完了させる

図 2.3 Findy Team+ Lab（ファインディ株式会社）
https://blog.findy-team.io/

　多くのアプローチの中から、改善の効果がどれくらい見込めるのか、すぐに取り組めるかどうか、どれくらいの期間で成果が得られそうかなどを評価し、最適な改善策を選択します。

課題の優先順位付け

　可視化されたデータを分析し、チーム内での議論を通じて課題を洗い出したら、次に行うのは**課題の優先順位の決定**です。すべての課題に同時に取り組むことは現実的ではないため、優先順位を付けることで限られたリソースを最大限に活用し、効果的に開発生産性を向上させられます。

・影響の大きさ
　まず、各課題が開発生産性に与える影響の大きさを「高」「中」「低」などのレ

ベルで評価します。挙げられた課題が、品質、スピード、コスト、チームのモチベーションなど、どのような箇所に影響を与えるかなどを考慮し決定します。

たとえばデプロイの失敗率が高い場合、この課題が品質や顧客満足度に与える影響は大きいと考えられます。一方で、開発環境のセットアップに時間がかかるという課題は、ローカル環境の話であれば新しいPCをセットアップする時の1回限りであり、影響度は相対的に低いかもしれません。

● 課題の緊急度

次に、課題の緊急度を判断します。これは、課題を放置した場合のリスクと、早期に解決することのメリットを考慮して決定します。たとえばセキュリティ上の脆弱性が発見された場合、脆弱性が悪用されるリスクが高いため緊急度が高いと判断できます。

● 解決の難易度

課題の影響度と緊急度に加えて、解決の難易度も評価する必要があります。これには、課題の解決に必要なリソース（時間、予算、人材など）の見積もりが含まれます。また、課題の技術的な複雑さ、関係するステークホルダーの多さなども考慮に入れましょう。

優先順位の決定には、チームの目標や戦略、プロダクトの目標や戦略、リソースの制約なども考慮に入れ、優先順位の妥当性を確認した上で決めていきましょう。

取り組むべき改善策が決まったら、実行計画を立てます。これには、必要なリソースの確保、スケジュールの設定、進捗を測定するための指標や目標値の設定などが含まれます。改善策の実行における各チームメンバーの役割を明確にしておきましょう。必要に応じて、外部の技術顧問やコミュニティと連携しながら改善することも選択肢に入れておくと良いです。

2.2 目標設定と改善の実施

可視化の結果、優先して改善すべき課題が見つかったら、目標を設定し改善策を立案します。改善策を実行しながら、目標を達成できているかモニタリングを行います。目標や改善策は、一度決めればそれで終わりではありません。効果を評価し、必要に応じて改善策を修正するサイクルを回していく必要があります。

2.2.1 目標設定と改善策の立案

　課題の優先順位が決まったら、次のステップは**目標設定と改善策の立案**です。優先順位の高い課題に対して、達成可能な目標を設定し、その目標を達成するための具体的なスケジュールを決めていきましょう。

KGIを決めておく

　目標設定においてはKGIを決めることが重要です。そして、KGIを達成・改善するためのKPIを明確にしておきます。

　たとえばデプロイ頻度を上げたい場合に、高頻度でデプロイしているチームであれば、毎日のデプロイ頻度を追跡することに問題はないはずです。その一方で、デプロイ頻度が少ないチームの場合、毎日チェックしたとしてもデプロイ頻度が上がらないことがあります。こうしたケースでは、デプロイ頻度が上がらない原因をさらに深掘りする必要があります。

　デプロイ頻度を高めるための条件としては以下のようなものが考えられます。

- プルリクエストが上がっている
- レビューが通っている
- リリースすべきものがdevelopブランチにマージされている　など

　そのため、プルリクエストが作成されているか、レビューができているか、マー

ジまでたどり着けているかなどの観点を見ていくことが重要です。

　多くのチームでは、プルリクエストを作成するのに1週間ほど、レビューにも1週間ほどかかるケースがあります。ところが、プルリクエスト作成者は1週間後には何を作ったのか覚えていないことが多々あります。レビュアー自身も自分のプルリクエストを作成していることが多く、片手間でレビューを行うことが多いでしょう。巨大なプルリクエストのレビューに時間がかかってしまい、途中で休憩するとどこまでレビューしたかを忘れてしまうかもしれません。

　このような場合は、即座に追跡できるKPIとしてプルリクエスト作成数やコミットからマージ完了までの時間などを見ることで、デプロイができない原因が浮かび上がってきます。

　KPIをチーム全体で日々観測し、たとえば1週間の平均値などをもとに目標時間を決めていくことで、KGIの改善に繋がります。もしKGIが変化しない場合には、観測中のKPI以外の要因が悪影響を及ぼしている可能性や、KGIの設定が適切でない可能性も考える必要があります。

達成可能な目標を設定する

　明確で達成可能な、具体的な目標を設定することが重要です。たとえば悪い例、良い例は次のようなものです（極端な例ですが）。

• 悪い例
「デプロイをたくさん行う」

• 良い例
「2024年末時点で、Aチームにおけるデプロイ頻度の平均値を週3回から1日1回に増やす。これにより、課題発見から価値提供までのスピードを上げ、顧客に価値を届けられるようにする」

　目標設定においては、**SMART原則**を用いると効果的です。SMARTとは、Specific（具体的）、Measurable（測定可能）、Achievable（達成可能）、Relevant（関連性がある）、Time-bound（期限がある）の頭文字をとったものです（**表2.4**）。
　表2.4からもわかる通り、進捗が測定可能で、達成のための指標や基準が設定されている必要があります。目標は現実的で達成可能であり、リソースや時間、環境などの制約の中で実現可能な範囲で設定していくと良いでしょう。さらに、

表 2.4 SMART 原則

原則	概要
Specific：具体的	明確、具体的であること。何を達成したいのか、どのように達成するかを詳細に定義する
Measurable：測定可能	測定可能であること。進捗を具体的な指標やマイルストーンで測定できるように設定し、達成度を確認できるようにする
Achievable：達成可能	実現可能であること。現実的な制約（リソース、時間、技術など）の中で達成可能なものであること
Relevant：関連性がある	より広い目標、長期的な計画と関連があること。組織やチームのより大きな目標や価値観との関連性
Time-bound：期限がある	明確な期限を設けること。いつまでに達成するのかを具体的に定め、進行を管理する

個人や組織の大きな目標や価値観との関連性を持たせ、期限を明確にすることで計画を立てやすくなります。

● 個人の目標の考え方

　個人の目標の考え方としては、なるべく自分でコントロールしやすい目標を選ぶ方がずれにくいです。ところが、影響範囲が自分のみで狭かったり、チームが追いかけたい指標から少し離れてしまったりというケースが出てきます。

　逆に自分でコントロールしにくい目標を選ぶと、チームの目標により近づくような本質に近いものになります。その一方で、自分だけでは何ともならないことから、自身の貢献度合いが見えにくくなるというトレードオフの関係になりやすいです。

● チームの目標の考え方

　チームでの目標の考え方としては、誰か1人がハックしようとして数値を増やしても、チームの別の誰かに負担がいってしまうようなもの（1人の力では達成できないもの）が適切でしょう。

　Four Keys のいずれの指標も、1人では完結しないものです。たとえばデプロイ頻度をチームの目標に置きつつ、個人単位ではプルリクエスト作成数を最大化していきます。同じ期間に別の目標を追うことで、単純にプルリクエストを作りまくるだけに留まらず、きちんとレビューフローなども加味してデプロイ頻度を上げていけるようになります。

実行計画を共有する

　立案した改善策は、実行計画として具体化し、チーム全体で共有します。実行計画には、改善策の実施スケジュール、必要なリソース、役割分担などを明記します。チームメンバー全員が、改善策の内容と自分の役割を理解し、実行に移せる状態にしておくことが重要です。

2.2.2　改善策の実行とモニタリング

　目標設定と改善策を決めたら、次は実行です。言うは易しで、改善策を実行し続けることは実はなかなか大変です。

　加えて、実行した改善策が目標達成にどの程度寄与しているのかを定期的にモニタリングし、必要に応じて改善策の調整や修正を行うことが重要です。

改善策を実行する

　改善策の実行は、事前に決めた改善策の実施スケジュール、必要なリソース、役割分担などを確認しながら着実に実施します。モニタリングにおいては、スクラム開発のふりかえりのタイミングで指標を洗い出し、前回のスプリントと比べてどのような変化が起こったかのふりかえりを行ったり、週報や日報などのタイミングで集計したものを振り返ったりすることで活用していきましょう。

　その他にも、週の初めや終わりなどきりの良いタイミングでSlackなどのチャットツールに通知することで、日々の状況を共有します。計測結果をチームメンバー全員で共有し、改善策の効果を確認していきましょう。効果が見られない場合には、改善策の内容や実行方法に問題がないかをチームで議論しましょう。

改善策の実行を管理する

　結果を見るだけではなく、「予定されている期日に対し、計画通りに進んでいるかどうか」を管理することも重要です。進捗管理には、プロジェクト管理ツールやタスク管理ツールを活用しながら、各タスクの進捗状況や課題を可視化し、必要に応じて対策を講じましょう。

　改善策の実行と並行して、定期的に開発生産性の指標を計測します。具体的には、改善策の立案時に設定したKPIを中心に数値の変化を追跡します。たとえば、プルリクエストの作成数やコミットからマージ完了までの時間などを計測し、改善策の実行前後でどのように変化したかを確認しましょう。

定性的な観点で効果を確認する

　定性的な観点からも改善策の効果を確認することが重要です。チームメンバーへのヒアリングやアンケートを通じて、改善策の実行によって業務の進めやすさに変化があったか、自身のモチベーションに変化があったかを確認します。月次アンケートとして、定点観測することなども選択肢に入れておきましょう。

改善策を調整する

　実行とモニタリングをし続けた結果、改善策の効果が十分でない、あるいは想定外の課題が生じている場合には、改善策の調整・修正を検討します。調整や修正が必要かどうかは、指標の変化だけでなく、チームメンバーからのフィードバックも含め総合的に判断すると良いでしょう。

　改善策の実行とモニタリングは、PDCAサイクルの「Do」と「Check」に相当する重要なステップです。改善策を着実に実行し、その効果を定期的にモニタリングすることで、開発生産性の向上に向けた取り組みを軌道に乗せられるでしょう。

2.2.3 改善効果の評価と次のサイクルに向けた方針の更新

　改善策の実行とモニタリングを通じて一定期間の取り組みが完了したら、次は**改善効果の評価**と、次のサイクルに向けた**方針の更新**を行います。

　組織の評価制度のタイミングと合わせたり、大きなプロジェクトが終了したり、落ち着いたタイミングで再検討しましょう。

改善策の効果を評価する

　まず、改善策の効果を評価します。具体的には、設定したKPIがどの程度改善したかを確認します。改善策の立案時に設定した目標と、実際の達成値を比較し、目標の達成度を評価しましょう。このため、目標設定時には「何をもって成功とするのか」「どの程度できたらチームとして評価するのか」を決めておく必要があります。

　目標の達成度だけでなく、改善策が業務にどのような影響を与えたのかも評価の対象になります。たとえば、次のような定性的な効果も重要な評価ポイントです。

- 開発スピードが向上したように感じる
- コードの品質が高まって安定したように感じる
- チームのコミュニケーションが活性化した　など

　開発生産性向上は、必ずしも定量的な側面だけではありません。定性的な側面の効果も評価に入れてみましょう。定性的な効果は従業員満足度などにも影響するため、結果的に開発生産性を向上する要素となり得ます。

改善プロセスのふりかえりを実施する

　改善効果の評価と並行して、改善プロセス全体のふりかえりを行います。具体的には、改善策の立案から実行、モニタリングまでの一連のプロセスをふりかえり、うまくいった点、うまくいかなかった点を洗い出します。

　ふりかえりの際には、チームメンバー全員が参加し、各メンバーの意見を聞きます。それぞれのメンバーが感じた課題や改善点を共有し、議論することで、多様な視点から改善プロセスを評価できます。

　ふりかえりによって得られた知見は、教訓として整理し、次のサイクルに活かせる形にまとめます。たとえば次のようにして明文化します。

- 改善策の立案時には、より現場の意見を取り入れるべきだった
- モニタリングの頻度が低く、改善策の効果を適時に把握できなかった　など

　改善策が目標を達成し、十分な効果が得られた場合には、その改善策を標準的なプロセスとして定着させることを検討しましょう。

改善策の修正を検討する

　改善策の効果が不十分だった場合は、改善策の修正や新たなアプローチの採用を検討します。2つめの例のように、複数の目標が互いに影響し合うこともあるため注意が必要です。

COLUMN　改善プロセスふりかえりの注意点

　チームメンバーが多い場合、1人の発言者の意見が採用されやすくなりがちなので注意が必要です。こういったふりかえりの議論の場で発言しないメンバーが増えてくると、実は改善プロセスがうまくいっていないにも関わらず、誰かの「うまくいった」という一言でチームの総意からずれてしまうこともあり得ます。

- **プルリクエスト作成数を増やそうとした**
  タスクを分解しようとしたが、具体的な方法がわからず思うようにできなかった
- **レビューを迅速に行おうとした**
  レビューに注力した結果、プルリクエスト作成数を増やしきれなかった

　取り組みが不足していたり、途中で優先順位が変わったりした場合などは、「真に解決すべき課題が設定できていない」という可能性も考えられます。なお、課題が途中で変わるのは、人数が増える・プロジェクトが変化する・組織が変わる、といった理由で起こり得ることです。その場合、改善策の再設定や課題の再検討が必要になるでしょう。

　こうした改善効果の評価と次のサイクルに向けた方針の更新は、開発生産性の向上だけに限った話ではなく、さまざまなプロジェクトの推進において当たり前のことかもしれません。PDCAサイクルを回すことで、段階的に開発生産性を高め、チームの成熟度を上げていけるでしょう。

　また、過去の経験や他社の取り組み事例から学ぶことで、さらに良質な施策へと変化していくはずです。地道な取り組みの継続が、開発生産性の向上に繋がっていくのです。

2.2.4　継続的な改善への意識づけ

　開発生産性の向上の取り組みは、短期間で集中的に強化する時があってもおかしくはありません。しかし、基本的には継続的な取り組みとして実施し、改善を進めていきましょう。

　取り組みを進めていると、メンバーが増えたり、プロジェクトが変化したりといった理由から、そのままでは開発生産性を保てなくなる瞬間が出てきます。開発生産性向上への取り組みを日常的な開発プロセスに組み込み、チームメンバーのモチベーションを維持しながら、定期的なふりかえりと意識の向上を図りましょう。

　同時に、継続的な取り組みを続けるためにはメリハリをつけることも重要です。

日常的な開発プロセスとして組み込む

　大前提として、開発生産性向上への取り組みを特別なイベントや一時的なプロジェクトとして位置づけるのではなく、日常的な開発プロセスの一部として組み込みましょう。具体的には、開発プロセスの各段階で、生産性を意識した行動を

習慣化することを目指します。

　当たり前かもしれませんが、コーディング時に可読性や保守性を意識したコードを書くことを心がけ、レビュー時には建設的なフィードバックを行うことを習慣づけます。すぐにレビューを行うなど、よく大事だと言われることを守り続けるのも、開発生産性向上のために必須のアクションです。

　リリース後には、結果の数値をもとにふりかえりを行い、改善点を話し合うことを定例化します。この習慣をチームメンバー全員が共有し、実践することで、開発生産性向上への取り組みが日常的なものになっていくでしょう。

メンバーのモチベーションを維持する

　継続的な改善を進めていくには、チームメンバーのモチベーションを維持するような動きをしましょう。そのためには、以下のような工夫も大事です。

• 成果の可視化と称賛

　改善の成果を可視化し、チームメンバー全員で達成感を醸成しましょう。

• 個人の貢献の認知と評価

　各メンバーの貢献を認知し、適切に評価し褒め称え合いましょう。とくに、お互いの良い行動を積極的に褒めるような文化を醸成しましょう。

• 学習と成長の機会の提供

　単なる開発生産性向上のための施策だけではなく、個人のスキルアップがなければ組織の技術は陳腐化してしまいます。研修や勉強会など、学習と成長の機会を与え、組織に還元していきましょう。

• メンバーの自律性

　言われた事柄をこなすだけではなく、自発的な改善提案を歓迎する雰囲気を作りましょう。メンバー自身が改善の主体であると、責任感が生まれ、達成確率が上がります。

• 開発生産性に関する勉強会の開催

　開発生産性に関する書籍や外部の事例を学ぶことで、自らのチームの取り組みを振り返るきっかけにもなります。

こうした工夫をしながら、メンバーに飽きがこない、もっとやりたいと思えるような環境を作ります。継続的な改善を進めていく作業は、マネージャーだけではなく、組織全員で実現していきましょう。

チームメンバーを大切にする

開発生産性向上への取り組みを継続的に進めていく上では、チームメンバーの心と身体の健康を大切にしましょう。長期的な生産性を維持するには、柔軟な働き方や適切な休息が欠かせません。

継続的な改善活動は、チームメンバーにストレスがかかる可能性があります。もちろん過度に柔軟性を持たせすぎるとチームとしての一体感が失われ、開発生産性の低下に繋がることがあります。しかし、過度な負荷がかかった場合にも、チームメンバーのモチベーションが低下し開発生産性は落ちてしまいます。適切なタイミングで休息を取り、リフレッシュする機会を設けましょう。

継続的な改善への意識が高まってくると、つい無理をしてしまいがちになります。たとえば、プルリクエスト作成数が1週間で1つだった組織が、1日3プルリクエストを出すように一気にブーストをかけると疲労に繋がります。無理に続けて疲れてしまっては長続きしません。

チームメンバー一人ひとりが、自分の体調と相談しながら、無理のない範囲で取り組みましょう。チームを支えるチームリーダーは、メンバーの健康状態に気を配り、適切な休息を促します。過剰な残業をしていないか残業時間を日々確認する、有給休暇の取得状況を把握して定期的な休暇の取得を奨励するなど、業務の優先順位を適切に管理することで、メンバーの負担を軽減します。

第2章を通じてわかる通り、開発生産性の向上は、一朝一夕で達成できるものではありません。継続的な改善への意識を持ち、地道な取り組みを積み重ねることで、徐々に開発生産性を高めていけるでしょう。チーム全体で開発生産性向上への意識を共有し、開発生産性向上に向けた自律的な改善文化を育むことが、長期的に開発生産性を高めるポイントになるでしょう。

第 3 章

生産性向上の取り組みを阻害する要因とその対策

開発生産性を一気に上げるのは至難の業です。目に見える効果を享受するためには、複数の取り組みを継続的に行う必要があります。取り組みの中には中長期的に効果のある施策もありますし、実際に数値に表れにくい施策もあります。そして、さまざまな要因が生産性向上の取り組みを阻害します。この章では、開発生産性向上の取り組みを阻害するさまざまな要因と、その対策について解説します。

エンジニア個人に直接関連する要因から、チーム環境、組織全体に関わる要因まで幅広く取り上げます。知識、技術、マネジメント、マインドの観点と成果がすぐに出やすいものかどうかという視点で、対策についても紹介します。

3.1 前提条件の不足から生じる問題とその対策

開発生産性向上への取り組みを進めていくと、さまざまな要因によって取り組みが阻害され、問題が生じます。本章では、こうしたさまざまな要因とその対策を紹介します。しかし、これらの要因について議論をする前提として、第2章でも解説した通り「開発生産性に対する理解をチームで深める」というステップが必要です。

3.1.1 開発生産性への理解を深める

　本章では、生産性向上の取り組みを阻害する要因について、「エンジニア個人に関するもの」「エンジニアチームに関するもの」「組織全体に関するもの」という大きな視点ごとに解説します。

　しかし、大前提として第2章でも解説した通り「開発生産性に対する理解をチームで深める」というステップが必要です。すでに本章まで読み進めている多くの方は理解している事柄だと思いますが、実際に取り組みを始めようとすると、開発生産性についての前提条件が揃っていないという問題が生じることがあります。

　とくに、自分がなんとなく考えているものと、他のメンバーが考えているものが合致しないケースは多々発生します。

3.1.2 考えられる要因とその対策

　第2章の解説と重なる部分がありますが、ここであらためて、理解不足が生じる要因を明確にしておきましょう。

- 開発生産性向上の対象と目的の明確化ができていない
- 目標設定ができていない
- 開発生産性向上の必要性を十分に理解できていない

［要因①］開発生産性向上の対象と目的の明確化ができていない

　要因の1つに、「開発生産性とは何か、何をインプットにし、何をアウトプットにするのか」が決まっていないというものがあります。自分が発する開発生産性という言葉と、他のメンバーが発する開発生産性という言葉の意味合いが違うと、議論がかみ合わなくなり、開発生産性向上の取り組みに支障をきたします。

要因①への対策

　第2章でも解説した通り、漠然と「開発生産性を上げよう」と言うのではなく、開発生産性の定義を明確にしましょう。

［要因②］目標設定ができていない

　開発生産性の向上を考える時に、「どこまで上げるべきか（どこまで上げれば良いのか）」を理解できていないケースがあります。これは、目標設定ができていないことが理由です。

要因②への対策

　たとえばDORAが提唱するFour Keys（第4章の「4.2　Four Keys」を参照）などのようにわかりやすい指標であれば、目標を設定しやすくなります。ただし、開発生産性のアウトプットをどこまでの範囲にするべきかによって、求めるレベルや範囲は変わってきます。どれくらい高いレベルを、どれくらいの人数に対して求めるかは組織によっても変わるため、一概に「この数値で」という明確な設定がしにくいのは間違いありません。

　しかし、目標設定がしやすい指標というものはあります。こうした指標を選ぶ基準やポイントは、第4章を参考にしてください。

［要因③］開発生産性向上の必要性を十分に理解できていない

　チームや組織の中で「なぜこのタイミングで、開発生産性を上げるべきだと考えたのか」が理解、共有されていないというケースです。開発生産性が高いことが重要であると多くのメンバーが理解している一方、なぜ今なのか、機能開発に使える時間をなぜ開発生産性向上のために割く必要があるのか、に対して理解が得られない状態です。

　開発生産性向上の取り組みについて、エンジニアが感覚的に「やったほうが良い」と感じるものであっても、エンジニアリングの経験がない人には納得感が得

られない、ということもあるのではないでしょうか。また、「やみくもにスピードを上げる」というイメージがあるのか、通常の開発業務に生産性向上の取り組みも加わることでよりいっそう忙しくなってしまうのでは、と危惧しているのかもしれません。

　開発生産性向上の必要性に対する理解が不足していると、次のような問題が発生します。

- 生産性向上の取り組みに積極的に参加しない
- 効率化のためのツールや手法の導入に抵抗感を示し、管理されるかのように感じる
- 自動テストなど、品質保証や保守の側面を疎かにしたままプロダクションコードを書こうとする

　プロダクションに上げるためのコードを書くことに100％の時間を費やしてしまうと、生産性向上に向けた取り組みが後回しになり、かえって生産性が低くなってしまいます。

要因③への対策

　何より、開発生産性向上のメリットを理解してもらう必要があります（**表3.1**）。

表3.1　開発生産性向上の主なメリット

メリット	概要
無駄な工数の カット	何度も繰り返す作業など、簡単に取り組めるものから着手することで、将来の手戻り工数が減り無駄な工数のカットに繋がる
顧客にすぐに 価値を届けられる	作ること以上に、顧客に価値を提供することが大きなゴールであるため、開発スピードが上がれば顧客の反応が見られるまでの時間を短縮できる
バグや問題の 早期発見／修正	自動化やコードレビューのルール／方法を整えることにより、属人的なマニュアルテストに頼りすぎず、バグや問題の早期発見／修正が可能。手作業では失敗しがちなフローやヌケモレを防ぎ、サービスの品質を保ち続けられる
将来にわたって 使えるスキル	生産性向上の取り組みは、どんな会社であっても役に立つ方法であり、将来にわたって使えるスキルと言える

いくつかメリットはありますが、まず開発コストを削減できることをあらためて説明すると良いでしょう。どれくらいの期間、どれくらいの工数で、どういった改善をすると、どのタイミングが損益分岐点になって効果が現れてくるのかを具体化すると、相手に伝わりやすく、話し合いもしやすくなります。

これらのメリットに自発的に気づくこともありますが、優秀なエンジニアであっても現在のタスクに追われていると気づきにくいものです。あらためて、一人ひとりに開発生産性向上に取り組むメリットを伝え、事例などを交えながら啓蒙することを考えましょう。

開発生産性向上の具体的なタスクや優先順位に正解はなく、チーム内での共通の思いや優先度から最適な取り組みを見つけることが大切です。皆で小さな成功体験を生むことを意識すると、全体での取り組みもうまくいくはずです。

ここまで、前提条件の不足が生じる要因を3つ挙げ、その対策について解説してきました。

開発生産性に対する理解を深めるステップの次は、実際に開発生産性向上に取り組む中で、取り組みを阻害するさまざまな要因へ対処していかなければなりません。次のセクションからは、取り組みを阻害する主な要因を

- エンジニア個人に関連する阻害要因
- エンジニアチームに関連する阻害要因
- 組織全体に関連する阻害要因

と大きく3つに分類し、それらの要因によって引き起こされる問題とその対策について見ていきます（**表3.2**、**表3.3**、**表3.4**）。

表 3.2 エンジニア個人に関連する阻害要因

要因	解説ページ
［要因④］技術の進歩に伴う技術的知識、スキルの陳腐化	P.65
［要因⑤］適切な技術選定とその活用ができていない	P.66
［要因⑥］十分なセキュリティ対策ができていない	P.67
［要因⑦］テスト自動化や継続的インテグレーションが導入されていない	P.68
［要因⑧］個人のタスク管理と優先順位付けができていない	P.69
［要因⑨］品質の重要性が認識されていない	P.70

表 3.3 エンジニアチームに関連する阻害要因

要因	解説ページ
［要因⑩］ナレッジ共有とドキュメンテーションが不足している	P.72
［要因⑪］技術的負債の管理と優先順位付けができていない	P.74
［要因⑫］自動化が推進されていない	P.75
［要因⑬］開発環境が十分に整備されていない	P.75
［要因⑭］インフラ環境が最適化されていない	P.76
［要因⑮］品質管理が十分にできていない	P.77
［要因⑯］チームのモチベーションが低い	P.78
［要因⑰］チームのコミュニケーションと相互支援が不足している	P.79
［要因⑱］スキルと経験のマネジメントが適切になされていない	P.80
［要因⑲］開発生産性向上に対するチームの意識が低い	P.82

表 3.4 組織全体に関連する阻害要因

要因	解説ページ
［要因⑳］外部との連携が不足している	P.84
［要因㉑］部門間の連携が十分でない	P.85
［要因㉒］長期的なビジョンが不足している	P.86
［要因㉓］開発生産性の測定・評価の仕組が十分ではない	P.87
［要因㉔］組織的な取り組み、取り組むための体制が不十分である	P.89
［要因㉕］他職種・役割への理解と尊重が足りない	P.90
［要因㉖］開発生産性に対する経営層の理解が不足している	P.90

3.2 エンジニア個人に関連する阻害要因とその対策

ここからは、エンジニア個人に関連する阻害要因とその対策について見ていきます。エンジニア個人に関連した要因について、知識、技術、マネジメント、マインドの観点と、対策の成果がすぐに出やすいかどうかという視点で解説します。

3.2.1 知識面の阻害要因を解消する

エンジニア個人に関連した阻害要因としては、主に以下のものが挙げられます。

- 技術の進歩に伴う技術的知識、スキルの陳腐化
- 適切な技術選定とその活用ができていない
- 十分なセキュリティ対策ができていない
- テスト自動化や継続的インテグレーションが導入されていない
- 個人のタスク管理と優先順位付けができていない
- 品質の重要性が認識されていない

まずは知識面の阻害要因について見ていきましょう。

［要因④］技術の進歩に伴う技術的知識、スキルの陳腐化

個人の生産性が落ちてしまう理由の1つに、技術の進化についていけないということが挙げられます。技術の進化についていけないと、新しい技術を活用できなかったり、効率の悪い開発手法で開発したり、モチベーションが保てない状態で開発をしたりと、開発のボトルネックになることが多々あります。

近年のWeb関連の技術は流行り廃りが激しく、とくにWebフロントエンドなどはバージョンアップによる技術の変化が激しい状態です。

要因④への対策

　開発生産性向上のための勉強会を開くことが考えられます。また、日々の目標設定などのタイミングで、「どのような技術をどうやって学ぶか」のように、技術やツールの習得目標の設定を明確にすることも打ち手の1つでしょう。

　社内勉強会を開催し、小さなものでも知見を共有する、失敗と解決についての情報を提供し合うことは、組織の糧となるはずです。

　業務時間外に外部の勉強会に参加したり、カンファレンスのような大型のイベントに参加したりすることでも、より多くの知見を手に入れられます。他にも、技術的に効率を上げることを解説する記事を読むことも、生産性を上げるきっかけになるかもしれません。

　直接的にはサービス開発に関わらないことではありますが、効率良く開発できる手段を提供することにより、巡り巡ってモチベーションが保てるようになるのではないでしょうか。

3.2.2 技術面の阻害要因を解消する

　次に、技術面の阻害要因について見ていきましょう。

［要因⑤］適切な技術選定とその活用ができていない

　技術の選定は、簡単に決めようと思えばすぐに決められるものではあります。しかし、すぐに価値を発揮するための技術なのか、はたまた中長期的にスケールしやすい技術なのか、現状のリソースや組織の人材のスキルにマッチするものなのか、といった要素を考慮して選定すべきものです。選択を失敗したり、最初は良かったが徐々に変化するプロダクトの状況にマッチしないまま使い続けたりすると、開発生産性は落ちていきます。

　具体的には、次のような問題が発生します。

1. 技術的負債の蓄積

　現状のプロダクトの状況に合わない技術を使い続けることで、開発生産性が落ちてしまう

2. メンテナンスコストの上昇

　メンテナンスコストが高くなることで、新機能開発や修正に割ける時間が不足してしまう

3. 成長に合わせた技術の見直し

プロダクトの成長に合わせた技術の見直しができないと、機能開発や実現までの期間が長くなる、複雑になるといった問題が生じる

4. 技術の属人化

特定の人に依存した技術になってしまうと、チーム全体でのパフォーマンスが最大化されず、詳しい人がチームから抜けた時に作り直しなどのリスクが生じる

要因⑤への対策

技術選定はさまざまな状況を加味した上で行う難しいものですが、プロジェクトの要件にあったツールを選ぶことから始めるのが良いでしょう。

当たり前ではありますが、プロジェクトの目的や規模などの状況、どれくらいチームの技術が成熟しているか、また利用しようとしている技術はどれだけ成熟しているかなども考慮した上で、組織のレベルに合わせてキャッチアップが可能なのかどうか知る必要があります。近い領域や人数規模で使われている事例などを参考にしながら作るのも良いですね。

技術選定時やキャッチアップのタイミングでは、誰かが先導者となり、チームで勉強会を行ったり、チュートリアルのサポートを行ったりするなど、基本的な使い方を学びながらベストプラクティスと運用方法を身につけていくのがお勧めです。ツールをきちんと利用できているかレビューを行い、活用状況を知ることで、どれだけそのツールや技術が浸透できているか、またどれだけ効果があるかを確認できます。

技術をどう選ぶかだけでなく、どう活用できているのかなどを定期的に見直すことが大切です。技術が負債となっていないかどうか、見極めていきましょう。

［要因⑥］十分なセキュリティ対策ができていない

セキュリティ対策は大事、というのは2020年代のプロダクト開発において当然の認識になっています。さまざまな技術を使って開発をする中で、フレームワークやクラウドサービス側で基本的なセキュリティ対策が実施されていることは多いですが、どのような観点で安全なプロダクトを保ち続けるかを考え続ける必要があります。

セキュリティ対策が不十分だと、実際に外部からの攻撃が行われた時に次のような問題が発生します。

- 情報漏洩や不正アクセスをはじめとしたセキュリティインシデントが発生することで、顧客からの信頼が失われるリスク
- セキュリティ対応のために既存の開発を止め、調査する必要が生じるリスク
- 生産性には直接寄与しないものの、最悪の場合、運営を続けられず開発が止まってしまうリスク

要因⑥への対策

　セキュリティは日常の防災訓練と同じように、日頃からセキュアな状態を確認し続け、必要があったらすぐに穴を防ぐ対応が必要です。セキュリティを意識したコーディングや情報設計などを行いながら、外部のセキュリティ専門家を交えた脆弱性診断やペネトレーションテストの定期実施などによって対策ができます。

　セキュリティ事故が起こってしまってからでは遅いため、エンジニアだけではなく全社員がセキュリティ意識を持ちながら、DevSecOpsでセキュリティの穴がないか確認し続け、すぐに対応することが大切です。

［要因⑦］テスト自動化や継続的インテグレーションが導入されていない

　テスト自動化に対する意識は、取り組んでいる組織と取り組んでいない組織で明確に分かれます。

　すでに取り組んでいる組織はカバレッジが比較的高く、メンバー全員がテストについての意識が高い状態で、テストを書くことに抵抗がないケースが多いです。一方で、テスト自動化に取り組んでいない組織では、自動テストの意義を多くのメンバーが知らなかったり、テストを書くことに抵抗があったりするケースが多いです。

　テスト自動化に取り組まないと、手動テストに多くの時間を取られ、本当に必要な手動テストにフォーカスできないといった問題が生じます。また、テストの網羅性も十分ではなく、クリティカルなバグや見落としなどが発生しやすくなります。

　CI/CDの観点では、最終的な部分での手戻りが発生するなどのトラブルが増えます。

要因⑦への対策

　王道の方法は、ユニットテストを書き、テスト自動化の推進をすることです。

ユニットテスト、APIテスト、UIテストなど、自動化の対象を明確にします。そして、自分たちのプロダクトの状況に合ったテスト自動化フレームワークや言語を選定し、環境を整備しましょう。テストカバレッジなどの指標でテストの自動化率を測定し、自動化の進捗を管理することもお勧めです。

CI/CDについては、GitHub Actionsなどのツールを活用しながら、コード変更やプルリクエストなどのタイミングでテストを自動実行し、変更に問題がないことを確認するための仕組み作りも行いましょう。コードの変更を頻繁にマージしていくと、CI/CDパイプラインにおいてすぐに異変に気づけます[注3.1]。

後述する「3.2.4　マインド面の阻害要因を解消する」において、品質面の意識を高めることの重要性について解説していますが、ここで解説した内容は、品質を向上させるための重要な取り組みでもあります。

目標設定においては、リリースにおけるバグ数、テストカバレッジ、コードの複雑度など、品質の指標を設定しましょう。ExcelやSpreadSheetなどで指標の推移を追跡し、品質の改善状況を評価し、指標の目標に向けた施策を立案・実行します。

3.2.3 マネジメント面の阻害要因を解消する

続いて、マネジメント面の阻害要因について見ていきましょう。

［要因⑧］個人のタスク管理と優先順位付けができていない

プロダクト開発を行う時は、優先順位付けをして開発を進めます。こうした個人タスクの管理も開発生産性に強く影響します。個人タスクの可視化や優先度付けがうまくできていないと、次のような問題に繋がります。

- タスク進捗状況がわからず、締め切りに間に合わない
- 重要なタスクが後回しになり、自分のやりたいタスクや必須ではないタスクが優先されてしまう
- 依存関係を考慮せずにタスクを進めてしまい、他者のブロッカーになってしまったり、やり直しが発生したりする

注3.1　第5章以降の各社事例紹介でも、CI/CDの導入によって品質向上に成功した事例が多いことがわかると思います。ぜひ参考にしてください。

- 慌てて片付けたタスクが後でやり直しになった結果、開発生産性が落ちる

要因⑧への対策
　タスクを細かく可視化し、現状の進捗を把握することがベストです。

- タスクを細かく書き出し、チェックリストを作る
- タスクが進捗したら、チェックリストにチェックを付ける
- 全タスクの数とチェックした数を比較し、進捗状況を把握する

　こうしたタスクの見える化はもちろんですが、優先順位を正しくつけることも忘れずに。緊急度や重要度が高いタスクには優先的に取り組むべきですが、周りのメンバーの妨げになっているタスクや、重要だが緊急度が高くないタスクをいかにこなしていくかも大切です。タイムマネジメントを行いながら現在の進捗を可視化し続けることで、想定通りにタスクを完了できるでしょう。

3.2.4　マインド面の阻害要因を解消する

　続いて、マインド面の阻害要因とその対策について見ていきましょう。

［要因⑨］品質の重要性が認識されていない
　開発生産性が低い組織では、スピードや品質面の意識が低下していることがあります。品質面の意識が低いと、やり直しやバグが発生しやすくなり修正の手間が増えてしまいます。また、品質管理を特定の担当者に任せきりになっていると、組織全体での品質に対する意識は低下することがあります。

- バグや不具合が頻発し、手戻りが増える
- 出荷後の不具合対応に追われ、新規開発・機能開発に着手できない
- 品質の問題により、顧客からの信頼を損ねてしまう

　こうした組織では、「バグが出るのはいつものことだ」「テストはリリース前に実施すればOK」といった意識が強く、品質を事前に担保する動き方ができません。その結果、技術的負債が蓄積します。また、組織内での品質のばらつきが大きくなることもあります。

要因⑨への対策

　品質面の意識を向上させるには、品質をどう定義するかを決め、顧客満足度やKPIなどの指標に影響があることを可視化します。問題の発生によりどれだけの手戻りコストや損失が発生しているかを見ることで、品質への理解を高められます。また、品質は顧客からの信頼を得るために、全社で取り組むべき施策であることを啓蒙します。

　指標改善の目標を設定し、共有し続けましょう。プロダクトの具体的な品質目標を設定し、開発プロセスのふりかえりのタイミングなどで、指標がどうなったかを全員で確認することもお勧めです。

　品質を高める上では、トップダウンでのアプローチも有効です。顧客からのメッセージや品質面への言及などを共有し、品質の高さが価値になっていることをメンバーに理解してもらいます。さまざまな角度から品質の高さのメリットを共有することで、品質意識を高められるはずです。

　品質の向上には、品質への意識を高めるとともに、テスト自動化やCI/CDへの取り組みが欠かせないものとなります。テスト自動化やCI/CDが不十分なケースは、「3.2.2　技術面の阻害要因を解消する」の要因⑦（P.68）で取り上げていますので、そちらも参照してください。品質の重要性を認識し、品質管理の方法論を習得し、テスト自動化や継続的インテグレーションを導入することで、エンジニア一人ひとりが品質の担い手となり、開発プロセス全体の品質を向上させることができるでしょう。

3.3 エンジニアチームに関連する 阻害要因とその対策

ここからは、エンジニアチーム全体に関連する阻害要因とその対策について見ていきます。ここでも、エンジニア個人に関連した要因と同様に、知識、技術、マネジメント、マインドの観点と、対策の成果がすぐに出やすいものかどうかという視点で解説します。

3.3.1 知識面の阻害要因を解消する

エンジニアチームに関連する阻害要因としては、次のようなものが挙げられます。

- ナレッジ共有とドキュメンテーションが不足している
- 技術的負債の管理と優先順位付けができていない
- 自動化が推進されていない
- 開発環境が十分に整備されていない
- インフラ環境が最適化されていない
- 品質管理が十分にできていない
- チームのモチベーションが低い
- チームのコミュニケーションと相互支援が不足している
- スキルと経験のマネジメントが適切になされていない
- 開発生産性向上に対するチームの意識が低い

まず、知識面の阻害要因について考えます。

［要因⑩］ナレッジ共有とドキュメンテーションが不足している

チームメンバー間でのナレッジ共有が不足していると次のような問題が生じます。

- 同じ問題に対して重複した対応が発生して効率が悪い
- 特定のメンバーに依存してしまい、そのメンバーが抜けると開発が滞ってしまうリスクがある
- システムの全体像が把握しづらく、適切な設計や実装が難しくなる
- メンバーの入れ替わりの際に引き継ぎがスムーズにいかず、生産性が低下する

たとえば、同じような問題に対して繰り返し対応する必要が生じたり、特定のメンバーに依存してしまったりする状況が発生します。ドキュメンテーションが不十分だと、メンバーの入れ替わりがあった際に引き継ぎがスムーズにいかない、システムの全体像を把握するのが難しくなり成果を出すまでに時間がかかる、などのデメリットが生じます。

要因⑩への対策

車輪の再発明といった問題が生じる前に、ナレッジの共有を進めていきましょう。共有すべきナレッジは多岐にわたります。

- そのドメイン固有のビジネスロジック
- アーキテクチャの技術的な知識
- 開発プロセスやツールの活用方法　　など

ナレッジ共有を最大化するために、メンバー間で勉強会を開いたり、ドキュメントを作成したりする時間を十分に確保しましょう。チーム内でのナレッジ共有ツール（Confluence、Notion、GitHub、Wikiなど）を活用してドキュメントの一元管理を行い、探しやすくすることも重要です。

単に文書化するだけではなく、コードや設計の変更に合わせてドキュメントを適宜更新する必要があります。ドキュメント作成をタスクに含め優先度を設定し、レビュープロセスにドキュメントのチェックを組み込むと品質を維持できます。また、新機能の開発時にはアーキテクチャ設計書や仕様書を作成し、全体像を把握しやすくすることも大切です。

3.3.2 技術面の阻害要因を解消する

次に、技術面の阻害要因について見ていきます。

［要因⑪］技術的負債の管理と優先順位付けができていない

チームとして開発を進める中で、技術的負債が蓄積していくことは避けられません。技術的負債を適切に管理し、優先順位を付けて対処していかないと、以下のような問題が生じます。

- 保守をしないことでコードが複雑なまま放置される
- バグが発生しやすくなる
- システムのパフォーマンスが悪化する
- 技術的負債への対処にリソースを費やし、新規開発が遅くなってしまう

開発生産性は低下し、システムの品質や保守性が悪化してしまうことが多いでしょう。サービス提供を長く続けている場合、ライブラリやクラウドサービスのバージョン追従を行わないと技術的負債が解消されず、セキュリティリスクが高まる可能性もあります。

要因⑪への対策

技術的負債の適切な管理には、まず技術的負債の可視化・リストアップが重要です。最新バージョンへの追従ができているか、追従できていないライブラリはどの程度あるのか、そのライブラリはどれくらい重要なものか、などを把握することが必要です。GitHubであれば、Dependabotなどを活用する、最新バージョンとの差分を見ることが考えられます。

技術的負債は、優先順位を付けて計画的に対処していく必要があります。システムへの影響度、修正の難易度、リソースの確保しやすさなどが順位付けの基準として考えられますが、組織の状況に応じて変化するため一概には言えません。

大切なのは、チーム内で共有し合い、合意を得て少しずつ取り組むことです。技術的負債があることに気づいていながら、対処時間を確保せずに新規開発に取り組んでしまうと技術的負債がさらに蓄積します。

技術的負債の発生を防ぐために、開発プロセスの改善も重要です。コーディング規約の策定と遵守、コードレビューの徹底、自動テストの導入などにより、品

質の高いコードを書く習慣を身につけられます。第4章などで詳しく解説しているので、参考にしてください。

［要因⑫］自動化が推進されていない

「エンジニアたるもの、自動化はもう当たり前に行っている！」という人もいるでしょう。その場合は読み飛ばしても問題ありません。自動化が推進されていない場合、以下のような問題が生じます。

- 手作業による作業のミスが発生しやすい
- 品質のばらつきが生じやすい
- 手作業に時間を取られ、本来の開発業務に集中できず生産性が落ちる

要因⑫への対策

　日々ルーチンワークとして行っている作業を自動化することで、作業の効率化や品質の担保・向上が期待できます。自動化の対象としては、ビルド、デプロイ、テスト、コードレビューなどが挙げられます。

　まずは、日々手作業で進めているタスクをリストアップし、それらが業務時間中のどれくらいの時間を占めているかといった可視化を行いましょう。また、ビルドやデプロイなどはデイリーリリースを行う上で欠かせない作業なので、どこまで自動化が進んでいるかを確認します。

　占有時間の多いものだけでなく、ミスが起こりやすいもの、何度も繰り返すものを優先的に自動化すると、品質の向上や成果に繋がりやすくなります。

　自動化も、一度行うだけでは不十分です。作業時間の短縮や品質の向上を確認するレポートを発行し、チャットツールで通知すると改善が進んでいくはずです。

　CI/CDでは、ビルド・デプロイの自動化、自動テストによる効率化、コードレビュー自動化ツールによるレビュー工数の削減、Terraformなどのインフラのコード化による環境構築の自動化などを実現することで、開発効率の向上が期待できます。

［要因⑬］開発環境が十分に整備されていない

　開発環境の整備は生産性に直結します。開発環境が十分に整っていないと、構築するのに何日もかかりますし、新しい環境でバグが発生するが同じ環境での開発が難しい、といった問題も生じます。

要因⑬への対策

　開発環境の標準化を検討すると良いでしょう。最近ではDockerなどのコンテナに開発環境のコード化を行うことで、開発環境の再現性を高め、環境差異を減らして予期せぬバグを防げます。

　開発者のローカル環境はもちろん、ステージング環境や本番環境も同じ環境に統一し、できるだけ一貫性を持てる状態にしましょう。Terraformなどで環境をコード化してプロビジョニングや設定管理を行い、一貫性を保ちます。

　ツールの導入などは柔軟に行いながらも、IDEやエディタの環境設定を共有し、ローカル環境の作業効率を高めていくことも重要です。

［要因⑭］インフラ環境が最適化されていない

　アプリケーションのインフラ環境を最適化することも、生産性に影響を与えます。どんなに良いコードであっても、インフラ環境が最適化されないとパフォーマンスが悪化したり、逆にリソースが無駄になったりするなど、効率的な開発ができず十分な価値をユーザーに提供できなくなります。

　必要以上にリソースを使うとコストもかかります。インフラ環境が非常にインパクトが大きい事業の場合、1台あたりのコストを抑えることで会社の利益にも貢献できます。また、インフラ環境の管理が複雑になることで運用の手間が増え、手作業が発生することでも生産性は低下します。その他にも、オートスケールする仕組みになっているかどうかも重要です。

要因⑭への対策

　インフラ環境は測定しやすいことが多いので、ボトルネックの特定からスタートしましょう。とくにアプリケーションのプロファイリングやリソースのモニタリングを行い、パフォーマンスに影響を与えている要因を見つけましょう。

　特定したボトルネックに対して、適切な最適化手法を選びます。たとえば以下のようなものがあります。

- キャッシュの活用によるレスポンスタイムの改善
- データベースのインデックス最適化やクエリの最適化
- 非同期処理の導入によるレスポンスタイムの改善
- 負荷分散やオートスケーリングによるスケーラビリティの確保
- CDN（Content Delivery Network）の活用による静的コンテンツ配信の高速化

具体的な方法は本書では割愛しますが、環境によって効果には差があるため適切な方法を選ぶことが重要です。

［要因⑮］品質管理が十分にできていない

品質管理が十分でないと、たとえば以下のような問題が起こります。

- バグや不具合が多発し、顧客からのクレームが増える
- 品質のばらつきが大きく、一貫した成果が出せない
- 手戻りやリワークが多発し、開発の生産性が低下する
- 品質の低下がチームのモチベーションを下げ、さらなる品質の低下を招く

自動テストを行わず、さまざまなバグ発生や不具合などを経験すると、品質管理の重要性を感じるかと思います。前述した通り、品質を保ち続けることで安定的にサービスを提供することでユーザーへの価値提供に繋がります。

要因⑮への対応

要因⑨（P.70）とも関連しますが、品質の定義を明確にすることから始めましょう。品質とは何か、何が守れたら品質管理・品質保証になるのか、などを明確にします。

開発プロセスの中でも、テスト駆動開発などによりテストを書きながら開発を進め、開発と品質の担保を同時に行うのもお勧めです。コードレビュー時には、こうした品質保証が行われているかを踏まえたレビューをします。

- コーディング規約の設定と静的コード解析の導入
- ユニットテスト、結合テスト、E2Eテストの自動化
- コードカバレッジの計測と可視化
- バグ管理システムの導入とバグの可視化
- 定期的なコードレビューの実施と指摘事項の共有
- 品質改善のためのふりかえりと施策の実行

1つ1つが大きく大変ですが、品質保証はチリツモの世界です。少しずつ取り組んでいくことが重要です。

3.3.3 マネジメント面の阻害要因を解消する

　ここからは、チームのマネジメント面における阻害要因とその対策について見ていきます。

［要因⑯］チームのモチベーションが低い

　開発生産性とモチベーションは実は密接に関係しています。モチベーションが高い状態を維持できないと、開発生産性が落ち、最悪の場合チームメンバーの退職や自身の退職にも繋がる可能性があります。また、本来のパフォーマンスを出しきれない、取り組み方が受け身になり決められたことをこなすだけになってしまうことも考えられます。

　コミュニケーションも疎かになり、「誰かがやってくれるだろう」という考えになります。チームとしての一体感が減り、メンバー同士の信頼関係が損なわれることもあります。その結果、チームメンバーの退職やチームが成り立たなくなるなどの問題が発生します。

要因⑯への対策

　次のような対策が考えられます。

- 個人のキャリアビジョンに基づいた目標設定
- 1on1 を通じた定期的なフィードバック
- エンジニアリングマネージャーによるメンタリングとコーチングなどの伴走
- チーム全体での定期的なレトロスペクティブの実施、褒めポイントの共有
- チームビルディングイベントの定期的な開催

　まずはチーム全員のモチベーションを確認します。従業員サーベイやチームでのアンケート、1on1 などでのキャリアを確認する機会を設定することから始めましょう。モチベーションを高い状態にするためには、個人の思いを汲み取り、メンバーが思い描くキャリアを実現できるような機会や方法、ロール設定を検討しましょう。

　個人の思いを重視しすぎると、チームの方向性がずれてしまう、チームとして追いたい成果や指標が達成できない可能性もあります。個人の意見も汲み取りながら、チームの目指すべき方向性を示し、その方向性に対して今月何を実現する

のかを共有しましょう。その上で、チーム内での役割を提示しながら、メンバーに達成してもらいたいことを明確に伝えます。メンバーの進めたい方向性をできるだけ尊重し、鼓舞するようなマネジメントを心がけると良いでしょう。

　チームのモチベーションを高めるのはマネージャーの役割の1つですが、メンバー間でも、コミュニケーションの活性化や自発的な取り組みの提案など、個人が動く状態を作ることも重要です。チームの状況に応じて適切な方法を選択しましょう。

［要因⑰］チームのコミュニケーションと相互支援が不足している

　コミュニケーションと相互支援が不足していると、次のような問題が生じる可能性があります。

- メンバー間の情報共有が不足し、手戻りや作り直し、開発完了後にクローズが発生する
- 担当間の連携が取れず、タスクの滞留が発生する
- メンバー間の相互理解が不足し、すれ違いや認識のずれが生じる
- 知識やノウハウが共有されず、属人化が進む

　コミュニケーションを取りながら協力できる関係性を作り続けることも、チームビルディングをする上で疎かにしてはいけません。

要因⑰への対策

　情報共有のバリエーションを増やしながら、ルールを決めていく必要があります。たとえば、情報共有はどのツールで行うのか、オンラインミーティングなのか対面ミーティングなのか、などを決めていきましょう。

コミュニケーションと情報共有の手段

　口頭でのコミュニケーションには即時性があり、情報量が多いためニュアンスまで丁寧に伝える必要がある場合には重宝します。しかし、「言った」「言わない」の不毛な争いが生じるリスクもあります。お互いの認識は、テキストコミュニケーションでも揃えていくと良いでしょう。

　一方、テキストコミュニケーションを中心とした方法は、情報を非同期的に、それぞれのメンバーの状況に合わせて伝えられます。しかし、返信が返ってくる

までに1日、さらに返信して1日というように、コミュニケーションが遅くなり生産性が下がってしまうこともあり得ます。

　情報量が多く言語化が難しい、ニュアンスまで伝える必要があるといったケースでは口頭でのコミュニケーション、情報量が少ないもの、ゴールがわかりやすいもの、緊急度が低いものはテキストコミュニケーションというように、それぞれを駆使して情報共有を行いましょう。

　また、Slackなどのチャットツールを活用するのか、Confluenceなどのドキュメント共有ツールを活用するのか、Jiraなどのタスク管理ツールを活用するのか、それぞれのツールを使い分けるのかなど、情報共有のバリエーションを増やしていくことも重要です。

定期的なミーティング

　定期ミーティングの開催は、情報共有と協力体制の構築に繋がります。デイリースクラム、スプリントレビュー、レトロスペクティブなど、さまざまなミーティングを開催して情報共有と協力体制の構築を行いましょう。

　また、ペアプログラミングやモブプログラミング、コードレビューなどを通じて、メンバー間の相互理解を深める取り組みも重要です。

［要因⑱］スキルと経験のマネジメントが適切になされていない

　適切なマネジメントがなされないと、次のような問題が生じます。

- メンバーのスキルや経験が可視化・言語化されず、適切なタスク割り当てができない
- 技術力や経験の不足が露呈し、品質が十分に保てなくなる
- チームとしてのスキルの底上げがしきれず、生産性の向上が困難になる

COLUMN　相互理解のポイント

　開発生産性向上に直接は繋がらないかもしれませんが、オンラインミーティングでは画面をONにし、相手の表情やニュアンスをうまく汲み取ることも、心理的安全性の確保や相互理解を深める上で重要です。

チームメンバーのスキルと経験を適切にマネジメントし、どう育成していくかを決めていく必要があります。メンバーのスキルと経験が等級にあった状態で適切にマネジメントされていないと、暇になってしまったり、逆にタスクが難しすぎたりして生産性が低下してしまいます。

要因⑱への対策

メンバーのスキルを適切に評価し、そのスキルに見合ったタスクを任せるため、等級の定義と等級におけるスキルマップを作ることを選択肢に入れましょう。メンバー一人ひとりのスキルや経験を可視化・言語化し、チームで誰がどこを担うべきなのか適切な役割分担にも繋がります。

現時点でのスキルをもとにタスク分担を行うと、メンバーが伸ばしたいスキルを伸ばせなかったり、属人性が増してきたりします。スキルや経験が不足している箇所を補うような配置を考慮し、育成計画を立案することが必要です。

また、メンバーの成長を適切に評価し、フィードバックすることも重要です。定期的な評価面談を通じて評価・フィードバックを行い、モチベーションの向上とさらなる成長に繋げましょう。

3.3.4　マインド面の阻害要因を解消する

ここからは、チームのマインド面の阻害要因とその対策について見ていきましょう。

COLUMN　採用の推進による間接的な貢献

エンジニア採用の強化は、開発のための根本的な工数を確保し、これまでできなかったタスクにチャレンジできる点で大きな魅力です。どんなに開発生産性を上げても、1人が投下できる時間は限られています。フルタイムの優秀なエンジニアを1人採用することで組織の状況が一変する可能性もあります。

しかし、2010年代以降、エンジニア採用は難易度が毎年上がっており、採用に多くの時間を使う必要があります。エンジニアリングマネージャーは、組織の状況を見ながら採用の推進を行いつつ、チームメンバーの成長に向けたコミュニケーションも同時に走らせる必要があり、バランス感覚が求められます。

［要因⑲］開発生産性向上に対するチームの意識が低い

　本章の冒頭でも、開発生産性向上の大前提として、メンバー全員が生産性向上の重要性を理解する必要があると述べました（「3.1　前提条件の不足から生じる問題とその対策」を参照）。チームメンバーの、開発生産性向上に対する意識を高めていくことも不可欠です。

　チームの意識が低い場合、以下のような問題が生じます。

- 生産性向上の取り組みがそもそもなされない
- 一部のメンバーの努力だけではチーム全体の生産性向上は難しく、結果としてモチベーションが下がってしまう
- 新しい取り組みへの抵抗感が強く、改善が進まない

　取り組みが形骸化したり、一部のメンバーの努力だけでは限界があったりと、全体での生産性向上が難しくなります。モチベーションの観点（要因⑯）でも書いた通り、全員で取り組まなければエンジニアリングの生産性は向上しません。

要因⑲への対策

　開発生産性向上に対するチームの意識向上に繋がった事例としては、以下が挙げられます。

- 現在の開発生産性に対する認識の共有
- 開発生産性の指標の設定と定期的な測定・共有
- 開発生産性向上をテーマにした社内イベントの開催　など

　これまで何度も解説しているように、何よりもまず生産性向上の重要性を理解してもらうことです。本書はこうした目的のために執筆しましたので、ぜひチームで読んでみてください。

　また、開発生産性を上げるための取り組みを、トップダウン、ボトムアップの両面から考えていきましょう。メンバーの当事者意識を高めることにも繋がるはずです。その中で、全員の認識を一致させるべく開発生産性向上の成果を可視化し、チーム全体で共有します。チームごとに開発生産性の指標や目標を設定し、定期的に測定・共有すると、取り組みの効果を実感できるようになります。

　生産性向上の取り組みを習慣化し、チームの文化として定着させることも忘れ

ずに。日々の業務の中に生産性向上の取り組みを組み込み、継続的に実施することで、習慣化を図れます。

　生産性向上にはさまざまな観点からのアプローチが必要です。本セクションで挙げた例を参考に、チームの状況に合わせ取り組みを進めてください。一朝一夕には難しい部分もありますが、地道な努力の積み重ねが、チーム、ひいては組織全体の生産性向上にも繋がっていくはずです。

3.4 組織全体に関連する阻害要因とその対策

ここまで、開発者個人もしくはエンジニア中心のチームにおける阻害要因とその対策について見てきました。開発生産性の向上では、チームだけで取り組める問題もあれば、組織全体で取り組む必要のある問題もあります。ここでは、組織全体で取り組むべき問題について取り上げます。

3.4.1 コミュニケーション面の阻害要因を解消する

組織全体で対策に取り組むべき阻害要因としては、以下のようなものが考えられます。

- 外部との連携が不足している
- 部門間の連携が十分でない
- 長期的なビジョンが不足している
- 開発生産性の測定・評価の仕組みが十分ではない
- 組織的な取り組み、取り組むための体制が不十分である
- 他職種・役割への理解と尊重が足りない
- 開発生産性に対する経営層の理解が不足している

はじめに、コミュニケーション面における阻害要因を見ていきます。

［要因⑳］外部との連携が不足している

外部連携が不足している場合、以下のような問題が生じます。

- 外部の知見やベストプラクティスが取り入れられず、開発生産性の向上が限定的になる
- 外部からの刺激が少なく、組織の変革が進みにくい

開発生産性を上げるためには、社内だけでなく、外部から新しい学びを得ることも手段の1つです。外部の知見を有効活用することで、新しい発想や効率的な手法を取り入れ、開発生産性の向上に繋げられます。

要因⑳への対策

外部連携の具体的な方法論と事例として、以下のようなものがあります。

- 開発生産性のコミュニティへの参加と貢献
- 社外イベントやカンファレンスへの参加と知見の共有
- 他社との合同勉強会の開催、相互の学び合い

自社以外の開発生産性の取り組みについて学ぶには、開発生産性のコミュニティやイベント、テックブログの情報を収集し、社内で共有しましょう[注3.2]。

［要因㉑］部門間の連携が十分でない

効果的なコラボレーションが行われていない場合、以下のような問題が生じます。

- 部門間の連携が不足し、非効率な開発プロセスになる。とくに企画と開発でずれが生じる
- 最悪の場合、部門間の責任の押し付け合いが発生し、問題解決が遅れる
- 部門間の目標にずれが生じ、それぞれがやりたいことをやっているだけで全体の目標に貢献していない
- コミュニケーション不足により、ミスや手戻りが発生する

開発者や開発チームだけでは、プロダクトを完成させることは難しいでしょう。プロダクトが大規模になればなるほどチーム内で完結することは不可能です。企画、デザイン、QA、サービス運用を行う部門など、さまざまな人たちとの連携があってこそ良いサービスは生まれてきます。

組織全体で十分な連携が行えることは、開発生産性向上に大きく貢献します。

注3.2　本書のAppendixで紹介するFindy Team+では、外部の開発生産性について学ぶための情報提供も行っています。積極的に活用してみてください。

部門の垣根を越えた協力体制を構築し、それぞれの強みを活かしながら一丸となって開発に取り組むことが重要です。

要因㉑への対策

効果的なコラボレーションを実現するには、まず全社的な目標の共有が重要です。組織全体で達成すべき目標を明確にし、各部門の目標をそれに紐づけることで、部門間の目標のずれを防ぎます。

次に、部門間のコミュニケーションを活性化します。定期的な合同ミーティングの開催、部門をまたいだプロジェクトチームの編成など、部門間のコミュニケーションを促進する施策を実施しましょう。チームの垣根を越えた大きなイベントを開催することで、話しやすい環境作りを行うと良いでしょう。

また、各部門の役割と責任を明確化することも重要です。各部門の役割と責任の所在を明らかにすることで、責任の押し付け合い、担当者不在で誰も手をつけていなかった箇所を減らし、スムーズな連携を実現します。

3.4.2 マネジメント面の阻害要因を解消する

次に、組織全体におけるマネジメント面の阻害要因について見ていきましょう。

［要因㉒］長期的なビジョンが不足している

組織の長期的なビジョンを定義し、常にアップデートし続け、その結果を全社に共有する必要があります。長期ビジョンが不足していると、その場しのぎの対応に終始して戦略的な取り組みができず、途中での方向転換など無駄が増えてしまいます。

- 一貫性のある施策が打ち出せない
- 短期的な利益を優先するあまり、長期的な投資が疎かになる
- 社員が組織の将来像を描けず、モチベーションが低下する
- 環境変化への対応が後手に回り、競争力が低下する

エンジニア組織においても、人数が増えれば増えるほど、テック戦略を作り、何に投資していくか、なぜその投資をすべきかについて説明を求められるケースが多くなるはずです。

要因㉒への対策

　長期ビジョン策定の事例としては、以下のようなものがあります。

- 経営層による将来のありたい姿や開発組織の議論と明文化
- 長期ビジョンのストーリー化と社内への発信、資料作成
- 長期ビジョンに紐づいた中期経営計画の策定、開発組織や技術の位置づけ
- 長期ビジョン実現に向けた年次アクションプラン、チーム別のアクションプランの策定と実行
- 定期的な進捗モニタリングと軌道修正

　まず、経営層が「将来のありたい姿」を描くことが重要です。組織の強みや価値観を起点に、中長期的に目指すべき方向性を明確にすることが求められます。

　たとえば、自社の競争優位性はどこにあるでしょうか？　中長期的にどのような技術を活用してどうスケールするエンジニアリングを実現するべきでしょうか？　どんな人材を評価・育成したいと考えているでしょうか？　技術を活用した上で、ミッションやビジョンに向けて何ができるでしょうか？　さまざまな問いがありますが、これをクリアな状態にしていくのがトップの役割です。

　長期ビジョンを社内で共有し、浸透させることも必要です。ビジョンをわかりやすく説明し、社員一人ひとりが自分の役割を理解できるようにすることが、ビジョンの実現に繋がります。チームリーダーからチームメンバーに説明ができるよう、チームリーダーに詳しく思想を伝えましょう。

　さらに、長期ビジョンの実行とその進捗を定期的にモニタリングし、状況や環境の変化に応じてビジョンをアップデートし、柔軟に対応することが求められます。長期ビジョンは一度決めたら二度と変えないものではなく、曖昧で難しいものだからこそ常に更新すべき存在だと捉えます。変更の意図なども丁寧に伝えて、全体の理解を深めることが求められます。

［要因㉓］開発生産性の測定・評価の仕組みが十分ではない

　開発生産性の測定・評価の仕組みが不十分な場合、以下のような問題が生じます。

- 開発生産性の現状が可視化されず、課題が明確にならない
- 開発生産性向上施策の効果が適切に評価できず、PDCAサイクルが回らない

- 開発生産性向上に対する社員の意識が高まらず、改善が進まない
- 他社との開発生産性の比較ができず、自社の立ち位置がわからない

開発生産性の向上のためには、開発生産性を適切に測定・評価する仕組みが不可欠です。開発生産性の現状を可視化し、改善すべき点を明らかにすることで、効果的な生産性向上施策を打ち出せます。

要因㉓への対策

開発生産性の測定・評価の事例としては、以下のようなものがあります。

- 開発プロセスのメトリクス定義と測定
- 開発生産性ダッシュボード・グラフの作成と定期的な更新
- 開発チーム間の生産性比較と優良事例の共有
- 社内表彰制度による開発生産性向上の促進
- ベンチマークを通じた他社との生産性比較

第2章でも詳しく書きましたが、まずは計測を手動で行ってみるのも手です。小さなチームであればデプロイ頻度などは手動で数えられますし、リポジトリが1つの環境であればプルリクエスト作成数などはGitHubなどの検索絞り込みのみで実現できるでしょう。その後、自動化を進めていくことで、より正確な計測が可能になります。

開発生産性のためにどんな指標を設定するかを決めることも重要です。多くの企業で導入しているのがFour Keys（「4.2　Four Keys」を参照）で、とくにデプロイ頻度を追いかけている企業が多いです。その後、測定・評価結果をもとにした改善活動も進めていきましょう。評価結果から課題を抽出し、改善施策を立案・実行し、ふりかえりを行うPDCAサイクルを回すことが重要です。

評価結果は社内で共有し、生産性向上に対する意識を高めます。評価結果を可視化し、社員一人ひとりが自身の生産性を意識できるような工夫が求められます。

自前でこういった仕組みを作成するのは手間がかかるため、大きな組織では指標の見える化や改善を促進するチームが存在しています。Findy Team+などの測定のツールを使って自動化することもお勧めです。

［要因㉔］組織的な取り組み、取り組むための体制が不十分である

開発生産性の向上は、一部の部門や個人の努力だけでは限界があります。組織全体で生産性向上に取り組む体制を整え、全社一丸となって推進することが重要です。体制が不足していると、次のような問題が発生します。

- 部門間の連携が取れず、全体最適な施策が打ち出せない
- 一部の部門や個人の努力に頼るため、生産性向上の効果が限定的になる
- 生産性向上の取り組みが一過性のものになりがちで、定着しない
- トップのコミットメントが不足し、現場の取り組みが後回しになる

要因㉔への対策

開発生産性向上に向けた組織的な取り組みの事例としては、以下のようなものがあります。

- 経営層による生産性向上の重要性の発信とコミットメント
- 生産性向上推進プロジェクトの設置と全社的な施策の立案・実行
- 生産性向上事例の表彰
- 外部コンサルタントを活用した生産性に対するフィードバックと改善提案

開発生産性向上に向けた組織的な取り組みを推進するためには、取締役、執行役員、CTO、VPoEなどのコミットメントを得ることが重要です。経営層が開発生産性向上の重要性を認識し、強いリーダーシップを発揮することが、全社的な取り組みを推進する上での原動力になります。

次に、開発生産性向上を推進する専門部署を作る、プロジェクトベースで推進する役割を設置することが有効です。各部門の代表者を集めた横断的な組織を作り、全社的な施策の立案と実行を担うことで、部門間の連携を円滑に進められます。

さらに、開発生産性向上の取り組みを評価・表彰する仕組みを作ることも効果的です。個人やチームの優れた取り組みを認め、賞賛することで、モチベーションを高め、よりいっそうの開発生産性向上を促せます。

3.4.3 マインド面の阻害要因を解消する

次に、組織全体におけるマインド面の阻害要因について見ていきましょう。

［要因㉕］他職種・役割への理解と尊重が足りない

開発生産性向上には、プロダクト開発に関わるさまざまな職種や役割の人々が、互いの立場を理解し、尊重し合うことが欠かせません。

- 職種間の壁が高くなり、お互いに話しにくい状況が続く
- 自分の役割だけに注力することで、全体最適の視点が欠如し、ヌケモレが発生する
- 他者の立場に立った考え方ができず、対立が生まれやすい

要因㉕への対策

他職種・役割への理解を深めるには、まず職種間の交流の場を設けることが重要です。普段の業務では接点の少ない職種同士が、Face to Faceで対話できる機会を定期的に設け、相互理解を深めます。

他職種のメンバーが参加する会議体やプロジェクトを推進することも有効です。エンジニアリングで解決したくなってしまう問題でも、実際には開発せず営業から直接解決策を伝えたほうが迅速でわかりやすいケースもあります。連携が取れるとより良い意思決定ができるだけでなく、他職種への理解も深まります。

また、他職種の業務を実際に体験することも重要です。短期的に同席するなどして業務を肌で感じることで、その職種の重要性や苦労を理解できます。

［要因㉖］開発生産性に対する経営層の理解が不足している

経営層の理解が不足している場合、以下のような問題が生じます。

- 開発生産性向上の取り組みが経営戦略に紐づかず、優先度が下がる
- 開発生産性向上に必要な投資や人材配置が適切に行われない
- 現場の開発生産性向上の取り組みが評価されず、モチベーションが下がる
- 短期的な成果を求めるあまり、長期的な生産性向上の取り組みが疎かになりサービスを作り直す羽目になる

日本における経営者の多くはエンジニアリング未経験です。そのため新機能開発のスピードばかりに目を向けがちで、技術的負債の解消による開発生産性の向上、開発を効率化するための共通的な仕組み作り、テストでプロダクトを守っていく発想などが欠けていることがあります。

これらは、エンジニアリングの経験がないと直感的にわからない可能性があります。経営層にエンジニアリングの重要性を理解してもらい、現場に任せてもらうことが重要です。経営層が生産性向上の重要性を認識し、積極的に関与することで、全社的な取り組みは加速します。

要因㉖への対策

開発生産性の重要性に対する経営層の理解向上の事例としては、以下のようなものがあります。

- 開発生産性向上による財務的インパクトの見える化とシミュレーション
- 取締役会での開発生産性向上の進捗報告と議論
- 開発生産性向上の成果を経営層向けにダッシュボード化
- 経営層と開発リーダーとの定期的な意見交換の場の設定

経営層の理解を深めるには、開発生産性向上がビジネスに与えるインパクトを明確に示すことが重要です。定量的な効果を示すことで経営層の理解を促します。「これはやるべき」とエンジニア間であればすぐに理解できるものも、経営層には理解できないことがあります。ビジネス的な視点で説明することが重要です。

次に、経営層向けに説明の機会を増やすことも有効です。開発の現場で何が起きているのか、開発生産性向上のためにどのような取り組みが行われているのか、経営層にわかりやすく定量的に説明しましょう。エンジニアリングをわかっている経営者は世の中に多くないため、定量的にどう変化するのかを丁寧に説明しないと、「エンジニアの言っていることはわからない」となってしまい、生産性が上がるような施策の優先度が落とされてしまいます。必ず計測しファクトを提示し、理解をしてもらいましょう。

開発生産性向上の成果を経営層に定期的に報告し、フィードバックを得ることも重要です。経営層の関心を維持し、継続的な支援を得るためには、コミュニケーションを欠かさないことが求められます。

お互いがわからないもの同士、という状態では組織が一丸となった施策は打てません。エンジニアから経営層にどう伝えると伝わるのかをしっかり考え、根気強く伝え続ける必要があります。経営層の理解を得た上で、開発生産性向上の施策を打てたほうが全社的にも嬉しいはずです。

◆　　◆　　◆

　以上が、組織全体に関連する阻害要因とその対策です。

　開発生産性の向上は、皆さんが思っている以上に、組織全体の取り組みとして推進することが必要になります。ここまで挙げた以外にも有効な施策は多々あります。技術的な側面だけに注目せず、エンジニアリングを支える別部門の人や経営層に対してもアプローチをし、対話し続けることで、持続的な開発生産性向上に繋げられるはずです。

　本章では、エンジニア個人に直接関連する技術的な阻害要因から始まり、実行と品質、ツールとインフラストラクチャの最適化、知識と学習など、徐々にチーム環境や組織全体に関わるさまざまな阻害要因について議論しました。コミュニケーション、戦略と計画、外部との連携など、より広範囲な問題について言及しており、エンジニアリングの観点から組織全体での取り組みへの理解を深められたのではないかと思います。

第4章

パフォーマンスを測るための指標

開発生産性を向上させるには、まず現状を正確に把握し、その結果がどうなのかを確認することが大事です。そのために適切な指標を選択し、継続的に測定していきましょう。しかし、どの指標を選ぶべきか悩むことも少なくありません。

本章では、開発生産性を測定するための指標選択の考え方と、指標の分類について解説します。本章を読むことで、自組織に適した指標を選択し、効果的に開発生産性を向上させるための第一歩を踏み出せるはずです。

4.1 指標選択の考え方

開発生産性を向上させるためには、適切な指標を選択し、継続的に測定することが重要です。ここでは、指標選択の際に考慮すべき視点について解説します。

4.1.1 考慮すべきポイント

指標を選択する際には、以下の7つの視点を考慮しましょう。

①計測の難易度

指標のデータ収集や計算に必要な工数や専門性を評価します。計測が簡単で、自動化できる指標が望ましいでしょう。

指標を選択する上でまず非常に重要なポイントは、**その指標が簡単に計測できるかどうか**です。すでに自動で計測されているもの、手を動かさなくても算出されるものなどが理想であり、新たに指標を導入する場合は計測の設定がどれだけ簡単かを考慮します。

たとえば、何らかのツールにアクセスするだけで必要なデータが得られる指標、新規にカウントが必要な場合でも自動でカウントされる指標を選ぶことが大切です。一方で、カウントの頻度が少ない場合は、自動化せずに手作業でカウントすることも1つの選択肢です。

ただし、自前でセットアップが必要なスクリプトを書く場合は注意が必要です。当初はシンプルだったスクリプトも、チームごとや個人ごとの集計など、追加の要件が出てくると複雑になりがちです。複雑な要件に対応するコストを払うべきか、シンプルな計測に留めるべきかは、状況に応じて判断することをお勧めします。

②開発生産性への影響度合い

その指標が開発生産性に与える影響の大きさを評価します。開発のボトルネッ

クに関連する指標や、生産性に直結する指標を選ぶことが重要です。

　指標を選ぶ上でもう1つ重要な視点は、**計測した後にその指標を改善しやすいかどうか**です。改善しやすい指標の多くは、開発生産性の基本的なレベルに関連するものです。たとえばプルリクエスト数、レビュー着手までの時間、スケジュールの遵守などは、計測結果の考察や分析がしやすく、改善に繋げやすい指標だと言えます。

　一方で、変動の原因が特定しにくい指標は、とくに導入初期の段階では避けたほうが良いでしょう。自分自身やチーム内のエンジニアがコントロールできる指標を選ぶことをお勧めします。

　開発生産性への影響度合いを評価する際は、自分たちの手元で改善の幅が見えやすく、コントロールできる指標を選ぶのが良いでしょう。

③ユーザー価値や事業貢献との関連性

　指標がユーザー価値の向上や事業目標の達成にどれだけ貢献するかを評価します。

　前述した通り、自身でコントロールが難しい指標は選択を避けるべきだと言えます。しかし、会社におけるエンジニアリングにおいては事業貢献が求められる場面もあります。「エンジニアチームは事業数値を見ていない」「売上を作っていない」「費用ばかり使う」といった指摘を受けることがあるかもしれません。

　そのため、**計測結果が事業にどれだけ貢献したか**という視点も重要です。事業に近い数値として、売上の増加やコスト削減による利益率の改善などが挙げられます。これらのPL（損益計算書）に直結する指標は、会社も重視しているはず

COLUMN　**コントロールしにくい指標とは**

　チームや職種を横断するKPIや売上などの複合的な指標は、何がどの程度貢献しているのかが見えにくく、改善までに時間がかかります。また、技術的負債の返済、アーキテクチャの改善、パフォーマンスの改善などは、時間がかかるだけでなく計測自体も難しい指標です。

　さらに市場の変化などのように自分たちの貢献度合いが見えにくい指標、スキルアップの度合いなどのように改善の有無がわかりにくく、成果を実感しにくい指標もあります。

です。また、PLに限らず、事業上の重要なKPIやそのKPIを構成するファネルの一部を改善することも事業への貢献と言えます。

　もちろん、エンジニアリングの推進が事業へのインパクトを持たないと言いたいわけではありません。どの職種であれ、売上の増加、利益率の改善、企業ブランドや市場シェアの拡大に寄与できることは、組織にとって重要度が高いはずです。

　技術力の向上や技術的負債の解消は、プロダクト開発において大切な要素であり、状況に応じて選択すべきです。しかし、事業として売上を生み出している以上、エンジニアリングだけでは直接的に貢献しにくい指標をどのように改善するかという視点を持つことも大事だと考えています。

　ユーザー価値や事業貢献との関連性を評価する際は、選択した指標が、ユーザーにとっての価値の向上と、事業目標の達成にどれだけ貢献するかを考えます。たとえば、ユーザー満足度や売上に直結する指標は事業貢献度が高いと言えます。

　一方で、エンジニアリングの技術的な指標は、直接的な事業貢献との関連性が低い場合があります。こうした指標を選択する際は、間接的にユーザー価値や事業目標に貢献する可能性があるかどうかを検討する必要があります。

④改善可能性

　指標の値が悪化した際に、どのようなアクションが取れるかを評価します。改善施策が明確で、実行しやすい指標が望ましいです。

　指標を選択する際には、**その指標が悪化した場合にどのような改善アクションを取れるか**を考慮することが重要です。改善施策が明確で実行しやすい指標を選ぶことで、悪化した際にも迅速かつ効果的な対応ができます。

　たとえば、「コードレビューの完了までの時間」という指標であれば、以下のような改善アクションが考えられます。このように、具体的な改善施策が明確な指標を選びます。

- レビュー対象のコードの質を上げるために、事前のコードの自己チェックを徹底する
- レビュアーの負荷を減らすために、レビュー対象のコードを小さく分割する
- レビューのプロセスを見直し、効率化を図る

　一方で、「コードの品質」のような抽象的な指標の場合は改善施策が明確でな

い可能性があります。「コードの品質」を上げるために何をすべきかは状況によって異なり、一概には言えないからです。

⑤わかりやすく受け入れられやすい指標か

　指標の意義や目的が、チームメンバーに正しく理解され、受け入れられやすいかを評価します。シンプルでわかりやすく、チームが自発的に活用できる指標が理想的です。組織や事業の状況を理解した上で指標を選択する際には、チームメンバーに展開し推進する上で、**その指標がわかりやすいものかどうかも重要な視点**です。

　自分の努力が数値に直結するような指標ほど、メンバーのモチベーションや納得感に繋がりやすいものです。一方で、構成要素が多い、自分の頑張りが反映されにい、解釈の幅が広く抽象度の高い指標だと、その指標を正しく読み取る力が求められたり、読み取った内容をメンバーにうまく説明したりする必要が出てきます。

　組織全体で開発生産性を向上させるためには、メンバー一人ひとりの理解と積極的な推進が不可欠です。役割分担を考えてみるのも1つの方法かもしれません。

- メンバーにはわかりやすい指標を追ってもらう
- 組織としてはやや複雑な指標を追う

　たとえば、コードレビューのスピードを測定する指標であれば、「コードレビュー開始までの時間」「コードレビュー完了までの時間」のような、シンプルで具体的な指標のほうがチームメンバーに理解されやすく、自発的な改善アクションに繋げやすいでしょう。

　一方で、「コードの品質」のような抽象的な指標は、その定義や測定方法が曖昧だとチームメンバーに理解されにくく、自発的な活用に繋がりにくい可能性が

COLUMN　**シンプルさを追求しすぎない**

　シンプルさやわかりやすさを追求するあまり、重要な要素を見落とさないよう注意が必要です。指標を選択する際は、わかりやすさとともに、開発生産性への影響度合いや事業貢献との関連性なども総合的に考慮することが大切です。

あります。

⑥中長期でビジョンに沿った指標になっているか

　選択する指標が、**中長期のビジョンとの整合性が取れているかどうか**を考えることも大切です。選択した指標が、組織の中長期的なビジョンの実現にどのように貢献するのかを検討します。

　この視点を取り入れるには、中長期のビジョンとしてエンジニア組織やプロダクト、ひいては事業や会社がどのような方向性を目指し、エンジニアに何を期待しているのかが明確になっている必要があります。前提条件が整わない場合もあるでしょうが、可能であれば視野に入れたい考え方です。指標選択の際に、中長期的な視点を持つことで、一時的な改善だけでなく、持続的な開発生産性の向上に繋げられます。

　たとえば、技術的負債の蓄積を防ぐための指標を設定することは、中長期的なビジョンに沿った指標選択と言えます。短期的には開発スピードが落ちるかもしれませんが、長期的には開発生産性の向上に繋がるからです。

　また、エンジニア組織の成熟度を測る指標を選ぶことも、中長期的なビジョンに沿った選択と言えるでしょう。たとえば、テスト自動化率やデプロイの頻度などは、エンジニア組織の成熟度を示す指標の1つです。これらの指標を改善することは、中長期的なエンジニア組織の成長に繋がります。

　ただし、ビジョンの制定自体が難しいようであれば、無理に考える必要はないでしょう。中長期的なビジョンがない状態で中長期的な指標を設定しても、かえって混乱を招く恐れがあります。

⑦全体最適の視点

　エンジニアだけにとって良いものではなく、**組織全体のパフォーマンス向上に寄与する指標かどうか**を評価します。チームや部門間の連携を促進し、全社的な目標達成に貢献する指標が望ましいです。

　開発生産性の向上を目指す際、個々のチームや部門の指標を最適化するだけでは、組織全体のパフォーマンスは必ずしも改善されません。部分最適に陥ると、かえって全体の効率が下がってしまうこともあるからです。指標選択の際には、全体最適の視点から考えることも選択肢に入れてください。

　たとえば、ある開発チームが「コードの行数」を指標として選択したとします。この指標を最適化するために、開発者たちが必要以上にコードを書くようになる

と、コードの複雑性が増し、メンテナンス性が低下する可能性があります。これは、開発チーム内では最適化されているように見えても、組織全体から見れば、生産性を下げる要因になり得ます。

　一方で、「デプロイの頻度」のような指標は、開発チームだけでなく運用チームとの連携も必要とします。この指標を改善するためには、両チームが協力してデプロイのプロセスを見直し、自動化を進める必要があります。このようにチームや部門間の連携を促進する指標は、全体最適の観点から望ましいと言えます。

　また、選択した指標が、会社の全社的な目標達成にどのように貢献するかを考えることも大切です。たとえば会社の目標が「顧客満足度の向上」である場合、「顧客からのフィードバックへの対応時間」などは顧客満足度に直結する指標の1つと考えられます。

　全体最適の視点を持つには、自分のチームや部門の枠を超えて、組織全体の目標や他のチームとの関係性を理解することが重要です。その上で、部分最適に陥らない、組織全体のパフォーマンス向上に寄与する指標を選ぶことが求められます。指標選択の際に、常に全体最適の視点を持ち、選択した指標が組織全体にどのような影響を与えるかを考えながら意思決定を行うことが大切です。

　指標選択の際に考慮すべき7つの視点について解説しました。これらの視点を総合的に考慮した上で組織に最適な指標を選択し、開発生産性の向上に繋げましょう。しかしながら、すべてを叶えられる指標は少ないかもしれません。組織の状況を見ながら選ぶことが大切です。

4.2 Four Keys

開発生産性を計測するための指標にはさまざまなものが存在します。本セクションでは、多くの企業で設定されている指標のうちとくにお勧めの指標として、Four Keys について紹介します。

4.2.1 Four Keys とは

指標としての特徴

改善のしやすさ	チーム全体のKPIとして設定しやすいが、技術的負債が大きいと改善が難しく、指標に変化が見られるまで時間がかかる場合がある
目標設定のしやすさ	過去のリリース実績などを手動でも計測しやすく、目標値を設定しやすい
お勧め度	★★★★★

開発生産性を測定する指標の中でも、**Four Keys** はとくにお勧めです。

Four Keys は DORA メトリクスとも呼ばれ、DevOps の文脈で使われる重要な指標4つを指します[注4.1]。Four Keys の4つの指標は**表4.1**の通りです。

4つの指標が高いとパフォーマンスが高いチームであることを、DORAのレポートが示しています。まずはこの4つの指標を見ることから始めましょう。

注4.1 DevOpsの歴史的な流れについては、本書の第1章「1.5　DevOpsの歴史と開発生産性」を参照してください。

表 4.1 Four Keys の 4 つの指標（再掲）

指標	概要
①デプロイ頻度	新しいコードがプロダクション環境にリリースされる頻度。これは、開発チームの効率性と、変更を迅速に提供する能力を測定する
②変更のリードタイム	コードの変更が行われてからプロダクション環境にデプロイされるまでの時間。これは、開発チームの敏捷性と、価値を素早く提供する能力を測定する
③変更失敗率	プロダクション環境へのデプロイ後に、障害や問題が発生する割合。これは、リリースプロセスの質と変更管理の効果を測定する
④平均修復時間	システム障害が発生してから、サービスが復旧するまでの平均時間。これは、システムの回復力と問題解決の能力を測定する

4.2.2 ①デプロイ頻度

デプロイ頻度とは

デプロイ頻度は、開発チームがどの程度の頻度でソフトウェアを本番環境にリリースしているかを示す指標です。この指標は開発プロセス自動化の影響を受けやすく、さらに改善すべき事柄は何かについての物差しとして活用できるためお勧めです。過去のリリース実績などを手動でも計測しやすく、目標値を設定しやすい指標と言えます。

価値をはかる上では、売上や事業 KPI などの指標を見るほうが組織としてはわかりやすいものの、まずはコントロールしやすくチーム内で完結しやすいデプロイ頻度を高めることで、施策をどれくらい早く何度届けられたかという観点での改善が見えやすくなります。

デプロイ頻度の推移を分析することで、どのくらいの頻度で価値提供を行えているか、また、開発プロセスの効率性を評価できます。デプロイ頻度は、開発チームの価値提供のスピードを表す重要な指標です。デプロイが行われるたびに、ユーザーに新しい価値が多かれ少なかれ届けられます。そのため、デプロイ頻度が高いほど開発チームがより頻繁に価値提供を行っていると言えます。

また、デプロイ頻度は開発プロセスの効率性を示す指標でもあります。デプロイ頻度が高いということは、コードの変更からリリースまでのサイクルが短いということを意味します。つまり、開発、テスト、デプロイのプロセスが効率的に運用されているということです。

なお、チーム全体のKPIとして設定しやすいですが、技術的負債が大きいと改善が難しかったり指標に変化が見られるまで時間がかかったりする場合もあります。

指標として活用する際の留意点

　デプロイの粒度には留意する必要があります。

　たとえば1日に10回デプロイを行っていても、1回のデプロイに大量の変更を含んでいるのであれば、リスクが高く、問題が発生した際の対応も大変になります。一方で、システムの特性によっては、1回のデプロイの変更量が多くなることもあります。たとえば、安定稼働を最優先にしているエンタープライズ向けシステムでは、十分なテストと検証を行った上で、まとまった変更を一括でデプロイすることが適切な場合もあります。

　したがって、デプロイ頻度だけを見るのではなく、システムの特性や要件を考慮しつつ1回のデプロイの変更量、デプロイの成功率、他のFour Keysなども併せて評価することが重要です。

適切なデプロイ頻度とは

　デプロイ頻度の理想的な状態は、チームやプロジェクトによって異なります。たとえばユーザーとの接点が多く、素早いフィードバックが必要なプロダクトでは、1日に複数回のデプロイが望ましいかもしれません。一方、安定性を重視される環境やサービスにおいては、週1回や月1回程度のデプロイが適切な場合もあります。

　チームは、自分たちのコンテキストに合った適切なデプロイ頻度を見つけ、それを維持・改善していくことが大切です。

デプロイ頻度の計測方法

　デプロイ頻度の計測には、**表4.2**のような方法があります。

　手動での記録は手間がかかりますが、デプロイのために開発をしなくて良いなどのメリットがあります。一方、ツールの記録を利用する方法は、手間が少なく済むメリットはありますが、デプロイの詳細な内容は記録されない場合もあります。デプロイ頻度が上がる場合には自動化していきましょう。

デプロイ頻度の改善方法

　デプロイ頻度を上げるには、以下のような方法があります。

表4.2 デプロイ頻度の主な計測方法

計測方法	概要
手動で記録する	デプロイを行うたびに日時と内容を記録していく方法
デプロイツールの記録を利用する	デプロイツールによっては、デプロイの記録を自動的に保存しているものがある。こうしたツールを利用することで、デプロイ頻度を簡単に計測できる
CIツールの記録を利用する	継続的インテグレーション（CI）ツールの多くは、ビルドやテストの記録を保存している。これらの記録からデプロイの頻度を推定できる

デプロイの自動化を進める

　手動でのデプロイは、手間がかかるだけでなくミスのリスクもあります。デプロイを自動化することで、これらの問題を解決し、デプロイ頻度を上げられます。

　自動化の第一歩は、デプロイの手順をテキストで明文化することから始まります。手順が明確になれば、それを自動化するためのスクリプトを書くことができます。

　デプロイの自動化にはさまざまなツールが利用できます。たとえばAnsibleなどの構成管理ツール、GitHub ActionsやJenkinsなどのCIツールです。

デプロイの前提条件を明確にして必ず守る

　デプロイを行う際には、さまざまな前提条件が満たされている必要があります。たとえば、コードのテストがすべてパスしていること、必要なリソースが用意されていること、他のチームとの調整が完了していることなどです。

　これらの前提条件が曖昧だと、デプロイの直前になって問題が発覚し、デプロイが延期されるといったことが起こりがちです。デプロイの前提条件を明確にし、チェックする仕組みを作ることで、スムーズなデプロイが可能になります。

変更を小さくする

　ビッグバンリリースとも呼ばれる1回のデプロイで大きな変更を行うことは、リスクが高くなります。変更を小さくすることで、1回のデプロイのリスクを下げ、デプロイ頻度を上げられます。デプロイした結果、問題が生じた場合も、その影響範囲が小さければ、問題の特定や修正が容易になります。

　変更を小さくするには、タスク分解や機能の分割、リファクタリングやプルリ

クエストの細分化などを事前に行うことが有効です。

4.2.3 ②変更のリードタイム

変更のリードタイムとは

変更のリードタイムは、開発者がコードを書き始めてから、そのコードが本番環境で稼働するまでの時間を示す指標です。

この指標は、開発プロセスの見直し、自動化の推進、チームの連携強化などにより改善が可能ですが、プロジェクトの規模や複雑さに応じた現実的な目標設定が難しいという弱みがあります。とくにGitを使っている場合、ブランチを切った時間を自動で記録することが難しいため、計測にも工夫が必要です。

変更のリードタイムは、開発のスピードを示す重要な指標です。リードタイムが短いほど、新しい機能やバグ修正を素早くユーザーに届けられます。また、リードタイムが短いということは、開発プロセスが効率的で、無駄な待ち時間が少ないことを意味します。

指標として活用する際の留意点

変更のリードタイムを測定する際の留意点は、測定の開始点と終了点の定義です。たとえば、開発者がタスクを開始した時点から測定を開始するのか、コーディングを開始した時点から測定を開始するのかで、リードタイムは大きく変わります。

また、本番環境へのデプロイをもって測定を終了するのか、ユーザーが実際にその機能を使えるようになった時点をもって測定を終了するのかでも値は変わってきます。

組織によって、適切な測定の開始点と終了点は異なります。重要なのは、組織内で定義を統一し、一貫した方法で測定を行うことです。過去の自分たちの状況と比べてどうかがわかればまずは良いので、チームで一貫性があれば十分です。

適切な変更のリードタイムとは

理想的な変更のリードタイムは、組織やプロジェクトによって異なります。一般的には、リードタイムは短ければ短いほど良いとされています。継続的デリバリーを実践している組織の多くは、リードタイムを数時間～数日のレベルに抑えています。

変更のリードタイムの計測方法

変更のリードタイムの計測には、**表4.3**のような方法があります。

手動での記録は手間がかかりますが、開発者の作業内容を詳細に記録できるメリットがあります。Issue管理システムやバージョン管理システムを利用する方法は、ある程度の自動化が可能ですが、開発者の作業内容は記録されません。組織のニーズや利用可能なツールに応じて、適切な計測方法を選択することが重要です。

変更のリードタイムの改善方法

変更のリードタイムを改善するには、以下のような方法があります。

小さなバッチサイズで作業する

作業を小さなバッチに分割することで、各バッチのリードタイムを短縮できます。大きなタスクを一度に処理するのではなく、小さなインクリメントに分割して、それぞれを素早く完了させるようにします。

小さなバッチで作業するには、タスクの分割や優先順位付けのスキルが必要です。また、小さなバッチを頻繁にリリースするためには、自動化されたCI/CDパイプラインが不可欠です。

自動テストを充実させる

自動テストを充実させることで、手動テストにかかる時間を削減しリードタイムを短縮できます。単体テスト、結合テスト、E2Eテストなど、さまざまなレベルの自動テストを用意し、それらをCI/CDパイプラインに組み込むことで、リグレッションを防ぎつつ、素早くリリースできるようになります。

表 4.3 変更のリードタイムの主な計測方法

計測方法	概要
手動で記録する	タスクの開始時間と完了時間を手動で記録する方法
Issue管理システムを利用する	GitHubのIssueやJiraなどのIssue管理システムを利用して、タスクの開始時間と完了時間を記録する方法
バージョン管理システムを利用する	Gitなどのバージョン管理システムのログから、ブランチの作成時間とマージ時間を抽出し、リードタイムを計算する方法

自動テストを充実させるには、テスト容易性の高いコード設計が必要です。また、自動テストの保守にも一定のコストがかかることに留意してください。

コードレビューのプロセスを効率化する

コードレビューは品質を維持するために重要なプロセスですが、時間がかかりすぎるとリードタイムが長くなってしまいます。レビューのガイドラインを明確にしたり、レビュー対象を小さくしたり、レビューツールを活用したりすることで、レビューのプロセスを効率化できます。

また、ペアプログラミングを導入することで、リアルタイムなレビューを行うこともできます。ペアプログラミングの過程で行われた議論や意思決定については、プルリクエストのコメントなどで詳細に記録することを必須とするのが重要です。これにより、レビューの過程で交わされた重要な会話や判断の理由が明確に残り、他のチームメンバーとのコンテキスト共有が容易になります。将来的に似たような問題に直面した際に、過去の議論を参照することで、効率的に意思決定を行えます。

このようにペアプログラミングとレビュー内容の記録を組み合わせることで、効率的でかつ透明性の高いコードレビュープロセスを実現できます。

変更のリードタイムの改善は、継続的に取り組むべき課題です。開発チームは、現状のリードタイムを計測し、ボトルネックを特定し、改善のためのアクションを継続的に実行していく必要があります。

4.2.4 ③変更失敗率

変更失敗率とは

変更失敗率は、本番環境へのデプロイで失敗した割合を示す指標です。安定的にユーザーに価値を届けられているかどうかを示す重要な指標であり、テスト自動化、デプロイ前の確認プロセスの強化などにより改善できます。

ただし、システムの重要性やユーザーへの影響度合いに応じた目標設定が必要であり、また、失敗の定義（ロールバックが必要な障害なのか、一時的な障害なのかなど）を明確にすることも重要です。

変更失敗率が高いということは、本番環境に適用された変更が意図した通りに

動作せず、結果的にシステムの安定性を損なっていることを意味します。変更失敗率を低く抑えることは、ユーザーに安定したサービスを提供し、プロダクトやサービスの信頼性を維持するために不可欠です。

指標として活用する際の留意点

変更失敗率を測定する際の留意点は、「失敗」の定義です。たとえば、変更によってシステムがダウンした場合は明らかに失敗ですが、一時的なパフォーマンスの低下は失敗と見なすべきでしょうか？　ユーザーからの問い合わせが増えた場合はどうしますか？　こうした定義をあらかじめチーム内で合意しておくことが重要です。

変更失敗率の許容レベル

理想的な変更失敗率は0%ですが、現実にはある程度の失敗は避けられません。重要なのは、失敗率を許容できるレベルに抑え、失敗が発生した際には迅速に対応できる体制を整えておくことです。

変更失敗率の許容レベルはシステムの重要性によって異なり、失敗が許されないシステムであれば、失敗率は極限まで抑える必要があります。そうでない場合は、次に解説する「4.2.5　④平均修復時間」も考慮して許容範囲を設定できるでしょう。

変更失敗率の計測方法

変更失敗率の計測には、**表4.4**のような方法があります。

手動での記録は手間がかかりますが、失敗の詳細な状況を記録できるというメリットがあります。デプロイツールやモニタリングツールを利用する方法は、自動化が可能ですが、失敗の詳細な状況は記録されない場合があります。

表4.4　変更失敗率の主な計測方法

計測方法	概要
手動で記録する	デプロイの成功・失敗を手動で記録する方法
デプロイツールの記録を利用する	デプロイツールの多くは、デプロイの成否を自動的に記録する。この記録を利用して失敗率を計算できる
モニタリングツールを利用する	アプリケーションのエラーログやサーバーのリソース使用状況など、システムの動作を監視することで変更の失敗を検知できる

理想的には、これらの方法を組み合わせ、できる限り自動化していくことが望ましいでしょう。

変更失敗率の改善方法
変更失敗率を改善するには、以下のような方法があります。

テストの自動化を進める
変更によるバグや問題を事前に検出するには、自動テストが欠かせません。単体テスト、結合テスト、E2Eテストなど、さまざまなレベルのテストを自動化し、CI/CDパイプラインに組み込むことで、問題のある変更を本番環境に適用する前に検出できます。

ただし、自動テストを効果的なものにするためには、適切なテスト戦略とテストコードの保守が重要です。単にカバレッジを上げれば良いというものではありません。

デプロイの前提条件を明確にする
デプロイの前提条件を明確にし、それが満たされていることを確認してからデプロイを実行することで、変更失敗のリスクを減らせます。前提条件の例としては、自動テストの合格、他チームとの調整完了、必要なリソースの準備完了などが挙げられます。

これらの前提条件をチェックリストなどの形で明文化し、デプロイ前に確認するプロセスを設けることが重要です。

変更失敗率の改善には、開発、テスト、デプロイ、運用の各フェーズでの工夫と協調が必要です。チーム全体で失敗を減らすという目標を共有し、継続的に改善に取り組むことが重要です。

4.2.5 ④平均修復時間

平均修復時間とは
平均修復時間は、障害が発生してからサービスが復旧するまでの平均時間を示す指標です。デリバリーの安定性を示すもう1つの重要な指標であり、障害検知

の仕組み、障害対応プロセスの改善などにより改善できます。ただし、システムの複雑さと障害の種類によって大きく変動するため、一概に目標設定するのが難しい指標でもあります。

　平均修復時間が長いということは、障害が発生した際に、ユーザーへのサービス提供が長時間停止することを意味します。サービスの停止は、ユーザーの信頼を損ねるだけでなく、ビジネスにも大きな損失をもたらします。したがって、平均修復時間を可能な限り短くすることは、安定したサービス提供のために不可欠です。

指標として活用する際の留意点

　変更失敗率と同様に、障害の定義と、測定の開始点・終了点の定義に留意する必要があります。

　たとえば、部分的な機能低下を障害としてカウントするのか、完全なサービス停止のみを障害とするのか。また、障害の発生をいつの時点とするのか（最初の例外が発生した時点なのか、ユーザーからの問い合わせがあった時点なのか）、復旧をいつの時点とするのか（主要な機能が回復した時点なのか、完全に元の状態に戻った時点なのか）。これらの定義をあらかじめチーム内で合意しておきます。

許容できる平均修復時間のレベル

　理想的な平均修復時間は、できる限り短いことが望ましいですが、現実には、ある程度の時間がかかるものです。重要なのは、許容できる平均修復時間のレベルを定め、そのレベルを維持できる体制を整えておくことです。

平均修復時間の計測方法

　平均修復時間の計測には、**表4.5**のような方法があります。理想的には、これらの方法を組み合わせ、できる限り自動化していくのが望ましいでしょう。

平均修復時間の改善方法

　平均修復時間を改善するには、以下のような方法があります。

障害検知の仕組みを整える

　障害をいち早く検知することは、平均修復時間の短縮に直結します。アプリケーションのログモニタリング、サーバーのリソース監視、外形監視など、多角的な監視の仕組みを整える必要があります。

表 4.5 平均修復時間の主な計測方法

計測方法	概要
手動で記録する	障害の発生時間と復旧時間を手動で記録し、その差分を計算する方法
モニタリングツールを利用する	多くのモニタリングツールは、サービスの停止を自動的に検知し、停止時間を記録する機能を持っている。この機能を利用することで、平均修復時間を自動的に計算できる
インシデント管理ツールを利用する	インシデント管理ツールを利用して、障害の発生から復旧までのプロセスを管理している場合、そのツールから平均修復時間を算出できる場合がある

　また、検知した障害を適切な担当者に迅速に通知する仕組み（アラート）も重要です。アラートの設定を適切に行い、重要度に応じてSlackの適切なチャンネルで通知されるようにしておきます。

ロールバックの手順を確立する

　障害が発生した際に迅速に復旧するには、ロールバックの手順が確立されている必要があります。どのような条件でロールバックを判断するのか、誰が判断するのか、どのようにロールバックを実行するのか、ロールバック後の検証をどう行うのかなど、手順をあらかじめ定義し、定期的に訓練しておくことが重要です。

　また、ロールバックしやすいシステム設計（例：Blue-Greenデプロイメント）を採用することも、迅速な復旧に役立ちます。

障害対応のプロセスを改善する

　障害対応のプロセスを改善することで、平均修復時間を短縮できます。たとえ

COLUMN　Four Keys の測定

　Four Keysを測定する方法については、Findy Team+などのサービスや、GitLabのサービス内にもFour Keysを測る機能があるため、それらを活用しても良いでしょう。また、第2章でも紹介したDORAのアンケート調査「DORA Quick Check」（https://dora.dev/quickcheck/）のチェックリストに回答することでも、Four Keysを大まかに把握できます。

ば、障害の切り分け方法を標準化したり、ナレッジベースを整備してよくある障害の対処法をすぐに参照できるようにしたり、コミュニケーションツールを統一してスムーズな情報共有を可能にしたりするなどの施策が考えられます。

　また、障害の根本原因を分析し、再発防止策を講じるプロセス（ポストモーテム）を確立することも重要です。単に表面的な対症療法で終わらせるのではなく、根本的な問題を解決することで、将来の平均修復時間の短縮に繋げられます。

　平均修復時間の改善は、開発、運用、インフラ、セキュリティなど、さまざまな分野の協力が必要です。組織全体で、サービスの安定稼働を最優先とする文化を醸成し、継続的に改善に取り組むことが重要です。

4.2.6　Four Keysは良い指標だが万能ではない

Four Keysの各指標の関連性

　ここまで何度か述べてきたように、Four Keysの4つの指標は、それぞれが独立しているのではなく相互に関連しています。

　たとえば、デプロイ頻度と変更のリードタイムは、どちらもデリバリーのスループットを示す指標であり密接に関連しています。デプロイ頻度を上げるには、変更のリードタイムを短縮する必要があります。逆に、変更のリードタイムが長ければ、デプロイ頻度を上げることは難しいでしょう。

　同様に、変更失敗率と平均修復時間も、デリバリーの安定性を示す指標であり関連があります。変更失敗率が高ければ平均修復時間も長くなる傾向があります。逆に、平均修復時間を短縮するには、変更失敗率を下げる必要があります。

　さらに、スループットを示す指標（デプロイ頻度と変更のリードタイム）と、安定性を示す指標(変更失敗率と平均修復時間)の間にも関連があります。スループットを上げるために安定性を犠牲にしたり、安定性を追求するためにスループットを下げたりすることは、長期的には良い結果をもたらしません。Four Keysの指標の関連性を理解し、バランスの取れた改善を行うことが重要です。

Four Keysと組織文化の関係

　Four Keysの改善は、単に技術的な取り組みをするだけでは不十分です。組織文化も、Four Keysのパフォーマンスに大きな影響を与えます。

表 4.6 高いパフォーマンスを示す組織の文化的特徴

文化的特徴	概要
失敗を恐れない文化	失敗を学びの機会ととらえ、失敗から迅速に回復することを重視する文化
協力的な文化	部門間のサイロを越えて、協力して問題を解決することを重視する文化
学習と実験を奨励する文化	新しいアイデアを試し、継続的に学習と改善を行うことを奨励する文化

　DORA の調査では、高いパフォーマンスを示す組織には**表 4.6** のような文化的特徴があることが明らかになっています。

　これらの文化的特徴は、Four Keys の改善を促進します。たとえば失敗を恐れない文化は、変更失敗率と平均修復時間の改善に繋がります。協力的な文化は、部門間の連携を促進し、変更のリードタイムの短縮に繋がります。学習と実験を奨励する文化は、継続的な改善を可能にし、すべての Four Keys 指標の向上に繋がります。

　もちろん、組織文化を変えることは容易ではありません。開発リーダーをはじめとした組織全体で変えていければ、Four Keys の向上に繋がるでしょう。また、文化的な変化を促進するために失敗から学ぶことを奨励する、部門間の交流の機会を設けるなどの施策を実施することも有効です。

　Four Keys の改善には、技術的なプラクティスと組織文化の両方に取り組むことが必要不可欠なのです。

4.2.7 Four Keys のまとめ

　Four Keys は、ソフトウェアデリバリーのパフォーマンスを評価し、改善するための強力なフレームワークです。Four Keys を理解し、活用することで、組織はソフトウェアデリバリーのスループットと安定性を高め、より良いソフトウェアをより早く、より確実に提供できるようになるでしょう。

　一方で、Four Keys の指標だけでは、サービス全体が本当に価値のあるものになっているのか、また開発チームが継続的に業務を続けたい環境になっているのかなどはわかりません。あくまでも、継続的な改善が進んでいるかどうかを判断するための 1 つの物差しにすぎないことを忘れずに！

4.3 開発生産性を計測するためのお勧めの指標

Four Keys は万能ではないものの、改善のための大きな目安として活用できることがイメージできました。しかしながら、開発生産性を日々追い続ける上で Four Keys だけでは組織の状況が見えにくい瞬間もあります。ここでは、Four Keys 以外の指標をいくつか紹介します。

4.3.1 プルリクエスト作成数

指標としての特徴

改善のしやすさ	各個人単位でのKPIとして設定しやすいが、レビューなどとも関連するためチーム全体で取り組まないと改善が難しい場合がある
目標設定のしやすさ	過去のプルリクエスト作成数などを手動でも計測しやすく、目標値を設定しやすい
お勧め度	★★★★★

プルリクエスト作成数とは

プルリクエスト作成数の推移を分析することで、どのぐらいのボリュームで小さく早く価値提供と改善を繰り返せているかわかります。プルリクエスト作成数は、開発におけるアウトプット量を表します。

各プルリクエストは、機能の実装、バグ修正、リファクタリングなどエンジニアにとって何らかの価値のある作業の単位です。そのため、プルリクエスト作成数の多さは、価値ある作業のアウトプットをより多く生み出せているかどうかのバロメーターになります。

小さく早く価値提供と改善を行うには、プルリクエストの作成、レビュー、マージ、デプロイというサイクルを小さく素早く回すことで、価値提供と改善を繰り

返します。

指標として活用する際の留意点

プルリクエスト作成数を指標として活用する際の留意点は、作成数をチーム間や個人間で単純に比較しないことです。技術スタック、システム特性、プルリクエストの粒度がチームや個人によって異なるため、単純に比較してもミスリーディングを生みかねません。そのため、プルリクエスト作成数に加えて、他の指標を見ながら背景を理解して改善を進めていくことが重要です。

指標の使い方としては、チーム間で比較するのではなく、チームや個人の過去との比較がお勧めです。チームや個人のアウトプット量が増加しているか、低下しているかを確認できます。

たとえば、チームの各メンバーの平均プルリクエスト作成数が「2〜3日で1プルリクエスト」であり、かつ、プルリクエストでの手戻りやレビューコメントが多くマージまで時間がかかる状態だったとします。そんな時は、チームでプルリクエストの粒度を小さくして、1日1件プルリクエストを作成してレビューしてもらおうと決めます。そうすると、プルリクエストが小さくなることで手戻りにも早く気づけ、また、レビューがしやすくなり、マージ時間が短くなります。チームの開発のテンポが良くなり、チーム開発全体の効率が高まっていくでしょう。

プルリクエスト作成数の計測方法

プルリクエスト作成数を計測するには、**表4.7**のような方法があります。

いずれもメリット、デメリットがあります。自分たちで計測する場合は、自由度が高い一方で、データの信頼性や開発・保守・運用の工数がかかります。SaaS製品を利用する場合は、データの信頼性が高い一方で、カスタマイズが難しいといったデメリットがあります。

表4.7 プルリクエスト作成数の主な計測方法

計測方法	概要
自分たちで計測する	GitHubやGitLabは開発者用のAPIを提供しているので、APIを利用することでプルリクエスト作成数を計測できる
SaaS製品を利用する	Findy Team+やGitLabなどの開発者向けのSaaS製品を利用することで、プルリクエスト作成数を自動的に測定できる

プルリクエスト作成数の改善方法

プルリクエスト作成数を多くするには、次のような方法があります。

- プルリクエストの粒度を適切にする
- マージ時間を短くする
- 自動テストでリグレッションを防ぐ

改善を進めるにあたっては、小さく早く価値提供と改善を繰り返していくという目的に沿って進めていく必要があります。プルリクエスト作成数を高めることが目的化してしまい、大量に作りすぎてチーム全体の効率性を下げてしまうのでは本末転倒です。注意すべきポイントとして、プルリクエストをたくさん増やすことがゴールではなく、変更の意図が伝わりやすい状態で、1度の変更で複数のことをやらないことが大事です。

プルリクエストの粒度を適切にする

「プルリクエストの粒度を適切にする」というと簡単に聞こえるかもしれませんが、既存のコードベースが疎結合で統一感がとれたコードになっている必要があります。結合度が高く1つの変更が複数箇所にわたる、コードの構成がバラバラで処理の流れを追うのが難しいといった状態では、プルリクエストの粒度を適切にすることは難しいかもしれません。

プルリクエストあたりの変更行数はわかりやすい指標ですが、変更行数だけを見るのではなく、変更の意図やレビューのしやすさを考慮して粒度を調整していくことが大切です。

大きすぎるプルリクエストは、必要に応じて小さく分割し、レビューしやすい粒度にします。一方で、関連する変更は1つのプルリクエストにまとめることで、レビュー時の文脈の理解を助けます。

たとえば、APIを開発する時に次のようにプルリクエストを適切に分解できるでしょう。

- モックAPIを作成する
- APIで利用するテーブルを作成する
- APIの正常系の実装をする
- APIの準異常系の実装をする

プルリクエストの粒度を適切にすることで、APIやテーブルの実装をできるだけ早い段階でレビューしてもらえるため、手戻りも少なくできます。

大きくなりがちなプルリクエストの粒度を小さくするには、タスクの全体像を理解し、タスクを分解できるスキルが必要です。なお、新規性が高いPoCなどのように、試行錯誤が必要な実装には適しません。

マージ時間を短くする

マージ時間を短くすることで、間接的にプルリクエスト作成数を増やせます。

プルリクエスト作成数とマージ時間は密接な関係にあります。いかに小さな粒度でプルリクエストを作成しても、いつまでもレビューされずマージされないようでは、プルリクエストを小さく作成するメリットは得られません。

適切なサイズのプルリクエストを作って、素早くレビューし、メインブランチにマージするというサイクルを小さく素早く実施できるように整えていく必要があります。

自動テストでリグレッションを防ぐ

自動テストでリグレッションを防ぐことで、間接的にプルリクエスト作成数を増やせます。

プルリクエスト作成数が増えるということは、コードベースに対する変更数が増えることを意味します。変更数が増えればバグの混入リスクも高まります。その際に、自動テストを整備してリグレッションを防ぐことで、安心してプルリクエストを作成し、マージできるようになります。

4.3.2 自動テストのコードカバレッジ

指標としての特徴

改善のしやすさ	カバレッジとして数値が見えやすく、小さなテストコード追加で向上が見えるため改善しやすい
目標設定のしやすさ	どの程度のカバレッジを目指すかを決めることやカバレッジ自体がゴールになってしまいがちなので、あくまで目安として活用するに留めるのが良い
お勧め度	★★★★☆

自動テストのコードカバレッジとは

自動テストのコードカバレッジは、自動テストがソースコードをどの程度網羅しているかを表します。コードカバレッジにはいくつかの種類があり、よく使われるのは**表4.8**の4つです。

一般的に、C0 < C1 < C2 < MCCの順でカバレッジの基準が厳しくなります。テストの目的は、ソフトウェアの品質を確保することです。バグや欠陥を見逃さないためには、テストがソースコードを十分に網羅している必要があります。コードカバレッジは、この網羅性を数値化したものと言えます。

コードカバレッジが高いほど、自動テストがソースコードを広範にチェックしていることを意味します。これは、バグや欠陥の早期発見に繋がります。カバレッジが低い場合、テストが不十分な部分が多く、リリース後に問題が発生するリスクが高くなります。

コードカバレッジの解釈についての注意

ただし、コードカバレッジの解釈には注意が必要です。カバレッジが100%であっても、テストの質が低ければバグを見逃す可能性があります。逆に、カバレッジが低くても、重要な部分を集中的にテストしていれば、十分な品質を確保できる場合もあります。

コードカバレッジは、テストの質や重要度と併せて評価することが大切です。また、プロジェクトの特性に合わせて、適切なカバレッジの種類（C0, C1, C2, MCC）と目標値を設定することが重要です。テストを書くだけではなく、「バグを事前に検知し、守れるテストになっているか」を大事にしましょう。

表4.8　主要なコードカバレッジ

種類	概要
C0：ステートメントカバレッジ	各ステートメント（コードの文）が少なくとも一度は実行されたか
C1：ブランチカバレッジ	各分岐（if文やループ文）が少なくとも一度は実行されたか
C2：パスカバレッジ	各実行パス（分岐の組み合わせ）が少なくとも一度は実行されたか
MCC：Modified Condition/ Decision Coverage	各条件（論理式）のすべての組み合わせが少なくとも一度は実行されたか

たとえば、バグを起こすと致命的な損害やレピュテーションリスクが発生してしまうシステムでは、C2やMCCを用いて高いカバレッジを目指すべきです。スタートアップでの短期的なプロトタイプ開発であれば、C0やC1で十分な場合もあります。いずれにせよ、自動テストの環境を整えコードカバレッジを見ていくことは重要です。

自動テストのコードカバレッジは、テスト自動化の進捗を測る指標としても有用です。カバレッジを継続的に測定することで、自動テストの充実度を可視化し、改善を促せます。

自動テストのコードカバレッジの計測方法

自動テストのコードカバレッジの計測に関して、多くのプログラミング言語には、カバレッジ測定ツールやライブラリが存在します。たとえばJavaであれば「JaCoCo」、Rubyであれば「simplecov」、Pythonであれば「Coverage.py」などが広く使われています。

カバレッジ測定ツールは、通常、自動テストのプロセスに組み込んで使用します。

1. ソースコードをビルドする
2. カバレッジ測定ツールを起動する
3. 自動テストを実行する
4. カバレッジ測定ツールがカバレッジデータを収集する
5. カバレッジのレポートを生成しSlackなどに通知する

このプロセスをCIツール（GitHub Actions、Jenkins、CircleCIなど）に組み込むことで自動化ができます。これにより、コードの変更ごとにカバレッジを自動的に測定し、その推移を追跡可能になります。

自動テストのコードカバレッジの改善方法

自動テストのコードカバレッジを改善するには、以下のような方法があります。

テスト自動化を進める

まずは、手動テストを自動テストに置き換えていくことが重要です。自動テストは、手動テストに比べて実行速度が速く、頻繁に実行できます。これにより、テストの実行頻度を上げ、カバレッジを向上させられます。

テスト自動化を進めるには、以下のような工夫が有効です。

- テストしやすいコードを書く（テスタビリティの向上）
- テストコードのテンプレートを用意する
- テスト自動化のための時間を確保する
- テスト自動化のスキルを向上させる

テストの重要度に基づいて優先順位を付ける

すべてのコードを均等にテストするのではなく、重要度に基づいてテストの優先順位を決めることが大切です。

たとえば、以下のような基準でテストの優先順位を決めます。

- ビジネス上の重要度が高い機能（たとえば新規登録、ログイン、ログアウト、決済など）
- 複雑でバグが発生しやすい部分
- 頻繁に変更される部分
- 過去にバグが多く発生した部分

これらの部分から集中的にテストを実施し、カバレッジを上げていくことが効果的です。

テストコードのリファクタリングを行う

テストコードも、通常のコードと同様にリファクタリングが必要です。複雑で可読性の低いテストコードは、メンテナンスが難しく、テストの追加や修正の障壁になります。

テストコードのリファクタリングでは、以下のような点に注意します。

- テストデータの作成をわかりやすく、不要なデータを作らないようにする
- テストの実行順序の依存関係を取り除く
- テストケースを小さく保つ

自動テストのコードカバレッジは、カバレッジが本質ではないものの、そもそ

もテストを書いて守ろうとしているかを簡単に測る重要な指標の1つです。

4.3.3 マージ時間

指標としての特徴

改善のしやすさ	計測が比較的容易で、改善施策の効果が測定しやすい
目標設定のしやすさ	プルリクエストのサイズや複雑さによって変動するため一概には言えないが、過去のデータを参考にして現実的な目標を設定することが可能
お勧め度	★★★★☆

マージ時間とは

　マージ時間とは、プルリクエスト（GitLabではマージリクエスト）がオープンしてからマージされるまでの時間のことです。マージ時間を見ることで、プルリクエストに関わる作業の効率性を把握できます。

　マージ時間は、プルリクエストに関わる実装、レビュー、マージ、コミュニケーションの効率性を示す重要な指標です。この指標は計測が比較的容易で、改善施策の効果が測定しやすいという強みがあります。また、開発プロセスの改善やチームワーク強化にも役立ちます。ただし、プルリクエストの粒度やレビューの質など、定性的な側面の評価は難しいという弱みがあります。

　マージ時間が短いほど、以下のようなメリットがあります。

- 仕掛中のプルリクエストが少なくなることで、集中して作業を効率的に進められる
- チーム開発でもマージ時のコンフリクトが起きづらくなり、不要なコンフリクト解消作業やバグ混入リスクを削減できる
- 変更が素早くコードベースに反映されるため、開発者体験が向上する

　逆に、マージ時間が長くなると、以下のような問題が発生しやすくなります。

- 仕掛中のプルリクエストが多くなることで、コンテキストスイッチが多発し、作業効率が低下する

- マージ時のコンフリクトが頻発し、コンフリクト解消作業やバグ混入リスクが増加する
- 変更がなかなか反映されないことで、開発者体験が低下する

　マージ時間は、開発プロセスの改善に役立つだけでなく、チームの開発文化を醸成する指標としても活用できます。チームのパフォーマンス指標として活用することで、チームのコラボレーションを促進し、個々人の開発者体験も高められます。また、マージ時間を定期的に分析してボトルネックを特定することにより、具体的な改善策を実施できます。

マージ時間の計測方法

　マージ時間の計測には、**表4.9**のような方法があります。

マージ時間の改善方法

　マージ時間を短縮するには、以下のような方法があります。

プルリクエストの粒度を適切にする

　プルリクエストの粒度を適切にすることで、レビュアーのレビュー負荷を減らし、レビュー後の対応も少なくできます。これにより、コードレビュー全体の負荷を減らし、マージ時間を短縮できます。また、変更行数が少ないプルリクエストほどレビューの品質が高くなる傾向があります。

　具体的には、バグ対応と機能追加を別のプルリクエストに分けるなど、変更の意図ごとにプルリクエストを作成します。また、プルリクエストの粒度を小さくしすぎてもコンテキストが伝わらず適切なレビューにならないこともあります。巨大なプルリクエストを作らず、なるべく粒度を細かくして適切なサイズに分割しましょう。

表4.9　マージ時間の主な計測方法

計測方法	概要
自分たちで計測する	GitHubやGitLabは開発者用のAPIを提供しているので、APIを利用することでマージ時間を計測できる
SaaS製品を利用する	Findy Team+やGitLabなどの開発者向けのSaaS製品を利用することで、マージ時間を自動的に測定できる

レビュアーがレビューしやすいように依頼する

プルリクエストを作成する際、レビュアーがレビューしやすいように、見てほしいポイントやレビューに役立つ情報を先んじて自分でコメントします。これにより、レビュアーの負荷を減らし、レビュー時間を短縮できます。また、後の開発者に向けた記録としても活用しやすくなります。

たとえば、外部ツールとの連携の場合はAPIドキュメントのリンクを貼る、実装上迷っている場合は迷っていることを書くなど、レビュアーが疑問に思うポイントを先回りしてコメントすると良いでしょう。

リンターやテストを自動化する

プルリクエストの作成時に、CIツールを使ってビルド、静的解析、テストなどを自動化します。これにより、リグレッションがないこと、コードの統一性、パフォーマンス、セキュリティなどの基本的な部分が自動でチェックされるようになり、レビュアーの負荷を大きく減らせます。結果的にレビュー時間も短くなり、マージまでの時間も短縮できます。

具体的には、リンターやフォーマッターでコードスタイルを統一して可読性を高める、自動テストのカバレッジを上げて機能性のチェックを自動化する、静的解析ツールやセキュリティチェックツールを使ってセキュリティのチェックを一部自動化するなどの施策が考えられます。

レビューをできる人を増やす

レビュアーが一部の人に偏ると、レビュー待ちがボトルネックになり、チーム全体の開発スピードが遅くなってしまいます。また、レビューによる知識の共有がうまくできず、属人化も進んでしまいます。そのため、レビューをできる人を増やしつつ、レビュアーのオートアサイン機能などを使ってレビュアーを分散させるようにします。

コードレビューを迅速に行う文化を作る

何より重要なのは、コードレビューを迅速に行うという文化作りです。文化作りには時間がかかるので、小さな成功体験を積み重ねていくことで徐々に文化を変えていくのが良いでしょう。

Meta社の調査でも、コードレビューに時間がかかると開発者の満足度が下がることがわかっており、レビュー時間が開発者体験に大きく影響することが示さ

れています。

　ここでは、マージ時間について説明しました。 マージ時間は、開発効率を測る重要な指標であり、開発プロセスの改善やチームワーク強化に役立つツールです。マージ時間を短縮し、開発効率の高いチームを目指しましょう。

4.3.4　自動テスト・CI/CDの実行速度

指標としての特徴

改善のしやすさ	計測が比較的容易で、改善施策の効果が測定しやすい
目標設定のしやすさ	プロジェクトの規模や使用技術によって適切な目標は異なるが、業界標準や過去のデータを参考に現実的な目標設定が可能。一般的にはなるべく短い時間に収まるようにすることが望ましい
お勧め度	★★★★☆

自動テストとCI/CD

　Four Keysを気にし、細かい粒度のプルリクエストを作り、コードカバレッジも高くなると、自動テストのスピードも大事になってきます。自動テストのスピードが遅いと、開発者がテストを実行するたびに待たされることになり、開発効率が低下します。

　CI/CDとは、Continuous Integration（CI）と Continuous Deployment（CD）の略で、継続的インテグレーションと継続的デプロイメントを指します。

　CIでは、前述した自動テストや静的コード解析、ビルドを自動実行することで、既存実装を壊していないことやコーディングルールに則っていること、ビルド可能な状態であることなどを自動で確認します。

　CDでは、CIで品質が担保されデプロイ可能なコードを自動で本番環境にデプロイします。デプロイプロセスを自動化して人の手を介さずに本番環境にデプロイすることで、手間を削減し、ヒューマンエラーを減らせます。

自動テストの粒度

プログラムに対するテストにはさまざまな粒度があります。

1. プログラムのモジュール単位でのテスト
2. 機能単位での結合テスト
3. システム全体や外部システムを結合したテスト

モジュール単位でのテストは、プログラムの一部分の振る舞いを確認するためのテストです。実行時間が早くて実装難易度が低いため、網羅テストなど細かい粒度でたくさんのテストケースを実行することに向いています。

機能単位での結合テストは、複数のモジュールを組み合わせた際の振る舞いを確認するためのテストです。モジュール単位のテストに比べ、テストデータの作成や実行時間が長くなることが多いので、細かな振る舞いはモジュール単位のテストに任せて、モジュール間の連携や機能単位でのブラックボックスな観点を確認します。

システム全体や外部システムを結合したテストは、本番相当の動作環境でシステム全体の振る舞いを確認するためのテストです。可能な限り本番環境に合わせて実行するため、テスト環境の準備やテストデータ作成のコストが高くなります。実行時間が長くことが多く、網羅テストなど細かい粒度でたくさんのテストケースを実行することには向いていません。ハッピーパスやプロダクトの重要機能にフォーカスして実行しましょう。

自動テストの実行タイミング

自動テストは、プログラムの振る舞いを確認するためのテストなので、プログラムが変更された際に実行することが望ましいです。変更が既存実装に影響を及ぼしていないかを早い段階で確認・修正できます。後工程になるほど不具合の修正コストが高くなるので、早く検知できればできるほど有利です。

そのため、変更ごとに自動テストを実行することが好ましいのですが、前述した通り、自動テストの実行コストはテストの粒度によって異なります。変更があった際に実行するテストの粒度を適切に選択することが重要です。

モジュール単位や機能単位でのテストは短時間で済むため、プルリクエストを使って開発している場合は、プルリクエストがマージされる前に自動でテストを実行し、トランクベースで開発している場合は、コミットが行われた際に自動でテストを実行すると良いでしょう。

一方、システム全体や外部システムを結合したテストは、デプロイ直前など必要最低限にすることが多いです。

自動テストの実行速度

　自動テストの実行速度は、開発のスピードと品質に直結する指標です。この指標は、テストの粒度や実行環境によって大きく左右されます。単体テストのような小さな粒度のテストは高速に実行できるため、頻繁に実行することが可能です。一方、システム全体のテストは実行に時間がかかるため、実行頻度や方法を調整する必要があります。

　自動テストの実行速度を改善するには、以下のような方法があります。

- テストの並列実行
- テストの選択的実行（変更に関連するテストのみ実行）
- テストデータの最適化
- テストコードのパフォーマンスチューニング

　自動テストの実行速度を向上させることで、以下のようなメリットがあります。

- レビュー着手やマージ時間の短縮
- 開発者体験の向上

CI/CDの実行速度

　CI/CDの実行速度は、デプロイ頻度と障害からの復旧時間に直結する重要な指標です。CI/CDの実行速度が遅いと、デプロイ頻度を上げることが難しくなり、また、障害発生時の復旧に時間がかかってしまいます。

　CI/CDの実行速度を改善するには、以下のような方法があります。

- ビルドプロセスの最適化
- キャッシュの活用
- デプロイプロセスの自動化

　CI/CDの実行速度を向上させることで、以下のようなメリットがあります。

- デプロイ頻度の向上
- 障害からの復旧時間の短縮
- 開発者体験の向上
- チームの心理的安全性の向上

自動テスト・CI/CDの実行速度の計測方法

　自動テスト・CI/CDの実行速度を計測することは、改善のための第一歩です。以下に、具体的な計測方法を詳しく説明します。

CIツールの実行ログを分析する

　多くのCIツール（Jenkins, CircleCI, GitLab CIなど）は、各ジョブの実行時間を記録しています。これらのログを分析することで、全体の実行時間や、各ステップの実行時間がわかります。

　たとえばJenkinsであれば、各ジョブのページで「Console Output」を確認することで、各ステップの実行時間がわかります。また、Jenkinsの「Timeline」ビューを使うと、各ステップの実行時間をグラフィカルに確認できます。

自動テストフレームワークの実行ログを分析する

　多くの自動テストフレームワーク（JUnit, RSpec, Jestなど）は、テストの実行時間を記録しています。これらのログを分析することで、全体のテスト実行時間や、各テストケースの実行時間がわかります。

　たとえばJUnitであれば、テスト実行後に生成される「TEST-*.xml」ファイルに、各テストケースの実行時間が記録されています。これらのファイルを解析することで実行時間の詳細がわかります。GitHub Actionsなどで実行する際にその時間を通知するなども手でしょう。

専用のパフォーマンス分析ツールを利用する

　自動テストやCI/CDのパフォーマンス分析に特化したツールも存在します。これらのツールを利用することで、より詳細なパフォーマンスデータを収集・分析できます。

　たとえば「Hypercharge」「BuildPulse」などのツールは、CIの実行ログを自動的に分析し、パフォーマンスのボトルネックを特定するのに役立ちます。また、「Sniffer」「Xray」などのツールは、自動テストのパフォーマンス分析に特化して

います。

　これらのツールは、実行時間だけでなく、CPU使用率やメモリ使用量なども記録するため、より深い分析が可能です。

　計測には、これらの方法を組み合わせて使うのが効果的です。たとえば、CIツールのログで全体的な傾向を把握し、自動テストフレームワークのログで詳細を確認する、といった具合です。

　また、計測は継続的に行うことが重要です。一度きりの計測ではパフォーマンスの変化を追跡できません。定期的に計測を行い、履歴を記録しておくことで、改善の効果を確認したり、パフォーマンスの悪化を早期に発見したりできます。

自動テストの実行速度の改善方法

　自動テスト・CI/CDの実行速度を改善するにはさまざまな方法があります。まず、自動テストの実行速度の改善方法についてより詳しく説明します。

テストの並列実行

　テストを並列に実行することで、全体の実行時間を大幅に短縮できます。多くの自動テストフレームワークは、並列実行をサポートしています。たとえばRSpecであれば、「parallel_tests」というgemを使うことでテストを並列に実行できます。

　ただし、並列実行を導入する際はテスト間の依存関係に注意が必要です。テスト間で共有されるリソース（データベースなど）がある場合、並列実行によって競合が発生する可能性があります。並列実行を増やせば増やすほど、この問題が顕在化しやすくなります。

テストの選択的実行

　すべてのテストを毎回実行するのは非効率的です。変更に関連するテストのみを実行することで、実行時間を短縮できます。

　たとえばGitの差分情報を使って、変更されたファイルに関連するテストのみを実行する、といった方法があります。多くのCIツールは、こうした選択的実行をサポートしています。

　また、自動テストフレームワーク側でも、タグやディレクトリ構造を使ってテ

ストを選択的に実行する機能を提供しているものがあります。

テストデータの最適化

テストデータのサイズが大きいとテストの実行時間が長くなります。テスト
データのサイズを必要最小限に抑えることが重要です。

たとえば、テストごとにデータを生成するのではなく、共通のテストデータを
準備しておくといった方法があります。また、テスト実行後はデータをクリーン
アップすることで、次のテストへの影響を防げます。ただし、並列実行と同時に
考える場合は、データの競合にも注意が必要です。

テストコードのパフォーマンスチューニング

テストコード自体のパフォーマンスを改善することも重要です。実行時間の長
いテストを特定し、そのテストのボトルネックを調査します。

たとえば、不必要なデータ処理や、非効率的なアルゴリズムがないか確認しま
す。また、外部サービスへの依存を最小限に抑えることも重要です。モックやス
タブを使って、外部サービスをシミュレートすることで、テストの実行時間を短
縮できます。

CI/CDの実行速度の改善方法

次に、CI/CDの実行速度の改善について具体的に見ていきます。

ビルドプロセスの最適化

ビルドプロセスの各ステップを見直し、不必要なステップがないか確認します。
たとえば、古いアーティファクトのクリーンアップや、不必要なログの出力を避
けることでビルド時間を短縮できます。

また、ビルドの並列化も効果的です。独立して実行できるステップを並列に実
行することで、全体のビルド時間を短縮できます。多くのCIツールはジョブの
並列実行をサポートしています。

キャッシュの活用

頻繁に変更されないデータをキャッシュすることで、実行時間を短縮できます。
たとえば、依存ライブラリのダウンロードやコンパイル結果のキャッシュがあり
ます。

多くのCIツールは、キャッシュ機能を提供しています。たとえばGitHub Actionsにもキャッシュ機能がありますし、Jenkinsの「Pipeline: Caching」プラグインや、CircleCIの「cache」ステップなどがあります。これらを活用することで重複する処理を避け、実行時間を短縮できます。

デプロイプロセスの自動化

デプロイプロセスを自動化することで、デプロイの速度と信頼性を向上させられます。手動のステップを自動化することで、人的エラーを防ぎ、デプロイ時間を短縮できます。

たとえば、Ansibleなどの自動化ツールを活用することで、デプロイの自動化を実現できます。また、Blue-Greenデプロイメントやカナリアリリースなどの段階的なデプロイ手法を取り入れることで、デプロイのリスクを最小限に抑えられます。

自動テスト・CI/CDの実行速度の改善には、これらの方法を組み合わせて取り組むことが重要です。また、改善は継続的に行う必要があります。定期的に実行速度を計測し、ボトルネックを特定し、改善を続けることが、持続的な高速化に繋がります。

COLUMN　自動テストが早く終わると作業もサクサク進めやすい

自動テスト、とくにユニットテストを拡充すればするほど自動テストの実行時間が長くなります。そのため、自動テストの実行時間を短縮することが徐々に課題として顕在化してきます。常に実行時間に気を配りながら、10分以内に収めるように心がけることが重要です。体感値ベースではありますが、30分以上かかるとどうしても作業の進捗が遅れてしまいます。

4.4 開発生産性に直接的に結びつく指標

ここからは、これまで取り上げなかった指標を中心に網羅的に紹介します。活用しやすい指標から成果に直接的に結びつくものまでさまざまですが、広く知っておくことで、自組織に適した指標を選択する際の参考になるはずです。

4.4.1 ①開発プロセスに沿った指標

開発プロセスは生産性に大いに関係してきます。さまざまな観点があるため、ここでは「要件定義」「設計・実装」「テスト・品質保証」の3つに分けて指標を見ていきましょう。

要件定義フェーズ

要件定義フェーズは、開発プロセスの最初の段階です。どんなに早くものが作れても、要件定義が曖昧なまま進めてしまうと、作ったものが無駄になってしまったり何度も手戻りが発生したりするため、成功を左右する非常に重要なフェーズです。

要件が十分にドキュメンテーションされているか【お勧め度：★★★★☆】

まず、要件が十分にドキュメンテーションされているかに注目しましょう。要件がどの程度明確に定義され、目的を達成するために必要な情報が漏れなく含まれているかを確認します。開発の背景、成功やゴールの定義、挙動やサーバーとやり取りする情報、どういったUIになるかなど、要件の完成度が高いほど、開発チームは明確な目標を持って作業に取り組め、手戻りや修正の可能性が減ります。また、**ドキュメントを構造化し網羅的に文書化できているか**、企画と開発での齟齬が生まれないような情報量になっているかを確認しましょう。

開発中に要件が変わらないか【お勧め度：★★★★☆】

その他に、**開発中に要件が変わらないか**どうかも大事です。リリース後に変更が加わることは日常茶飯事かもしれませんが、リリース前（開発中）のタスクの要件が変われば設計も大きく変わる可能性がありますし、手戻りで士気が下がってしまうこともあるでしょう。

指標活用のポイント

生産性を語る上で大事な指標である一方で、これらの指標は計測が難しいです。手戻りが発生していないか、ゴールとしていたことが頓挫せずに完遂できたかどうかなどを見る必要があります。

要件定義フェーズの指標は、プロジェクトの特性や組織の成熟度によって重要性が異なる場合があります。たとえば、要件が頻繁に変更される新規事業のようなプロジェクトでは、「要件の変更頻度」の指標は重要性が低いかもしれません。一方で、ウォーターフォール型（計画駆動型）プロジェクトの場合には、要件が固まっていることがより重要とされるでしょう。

指標の選択と活用には、プロジェクトや組織の特性を考慮し、プロダクトオーナーなどの意思決定者を含むステークホルダーとの合意形成が必要です。

以下を確認することで、要件定義フェーズの生産性を確認できます。

- 要件のフォーマットが決まっており、活用されているか
- 要件のフォーマットに沿って全項目が埋められているか（網羅率）
- 「良い感じに」「XXの機能と同じように」のような曖昧なキーワードが出てこないか
- タスクあたりの文字数が十分であるか
- 変更があった場合に、変更差分がわかる状態になっているか

全体を通して、開発生産性においてとくにアウトカムに影響を与える重要なフェーズであるため、要件が明確になっているかどうかを追うことは非常に重要です。要件が構造化され、十分な文字量でドキュメント化されているかなどの点を考慮すると、おすすめ度は★4です。

影響が大きい一方で、計測が難しい、エンジニアが企画に関与しない、というケースもあるため、万人にお勧めしにくいという理由から★5とまでは言えません。

設計・実装フェーズ

　ソフトウェアの設計と実装を行うフェーズにおける質と効率性は、開発生産性に直接的な影響を与えます。設計・実装フェーズの指標は、コードの品質、開発プロセスの効率性、チームの協働状況などを測定するのに役立ちます。

マージ時間　【お勧め度：★★★★☆】

「4.3.3　マージ時間」で詳しく解説した**マージ時間**は、は、コードレビューのプロセスの効率性を示す指標です。計測が容易で、開発生産性への影響度合いが高いという強みがあります。マージまでの時間が長い場合は、コードレビューのプロセスにボトルネックがある可能性があります。レビュー待ちの時間が長すぎたり、フィードバックに対応するのに時間がかかりすぎたりすると開発のスピードが低下するため、改善が必要です。

　ただし、レビューの質を維持するには十分な時間をかける必要もあるため、バランスが重要です。

自動テストのコードカバレッジ　【お勧め度：★★★★☆】

　自動テストのコードカバレッジは、テストの網羅性を示す指標であり、コードの品質や保守性に大きな影響を与えます。この指標は、ツールを使えば自動的に計測できるため、計測の難易度は低いです。詳しくは、「4.3.2　自動テストのコードカバレッジ」を参照してください。

　ただし、カバレッジを上げることだけが目的化すると、かえってテストの質が低下する恐れがあるため注意が必要です。本指標は、変更によって意図しない副作用が発生するリスクを減らし、リファクタリングを安全に行う上で有用です。

コードレビュー率　【お勧め度：★★★★☆】

　コードレビュー率は、開発チームのコードレビューの実施状況を示す指標です。この指標は、コードの品質と保守性に直結するため、開発生産性への影響度合いが高いです。また、コードレビューのプロセスを改善することで、比較的容易に改善できる指標でもあります。

　本指標が低い場合、コードの品質が低下し、バグや技術的負債が蓄積する恐れがあります。ただし、コードレビューの質も重要ですから形式的なレビューに陥らないよう注意が必要です。

コードレビューの所要時間（着手までの時間と完了までの時間）
【お勧め度：★★★★☆】

　コードレビューの所要時間は、コードレビューのプロセスの効率性を示す重要な指標です。この指標は、改善可能性が高いという強みがあります。コードレビュー着手までの時間が長い場合は、プルリクエストに課題がある、チームの取り決めに課題があるなど、コードレビューのプロセスにボトルネックがある可能性があります。

　レビュー待ちの時間が長すぎたり、レビューのフィードバックに対応するのに時間がかかりすぎたりすると、開発のスピードが低下します。プルリクエストが大きいとレビュー着手のハードルが上がり、着手まで時間がかかりがちです。チームの取り決めの課題としては、レビューの優先順位が低い場合に、着手までの時間が全体として長くなる傾向があります。

　コードレビュー完了までの時間が長い場合も、同様に開発のスピードが低下し、フィードバックまでの時間が長くなるため、改善が必要です。これらの問題に対処するには、チーム全体としてできるだけレビューの優先度を上げ、可能であれば最優先にすること、そしてプルリクエストの粒度を細かくすることが重要です。ただし、レビューの質を維持するには、レビューに対して十分な時間をかける必要もあるため、速さと質のバランスを取ることが求められます。

　本指標は、コードレビュー率と併せて分析することで、より多面的な評価ができます。コードレビュー率が高くても、所要時間が長ければプロセスの効率性に問題がある可能性があります。

　本指標を改善することで、開発のスピードアップとフィードバックまでの時間の短縮が期待できます。ただし、速さを追求するあまり、レビューの質を犠牲にしてはいけません。適切なバランスを保ちながら、継続的な改善を進めていくことが重要です。

コードの複雑度（サイクロマティック複雑度など）　【お勧め度：★★★☆☆】

　コードの複雑度は、コードの保守性や可読性に影響を与える指標です。**サイクロマティック複雑度**などの指標は、ツールを使えば自動的に計測できるため、計測の難易度は低いです。

　ただし、複雑度の高いコードを改善するにはリファクタリングが必要であり、改善には一定の時間がかかります。また、複雑度の目標値を設定するのは難しく、チームへの浸透にも課題があります。バグの発生率やコードの理解に要する時間

と関連するため、重要な指標ですが、過度に複雑度を下げることだけが目的化しないよう注意が必要です。

設計ドキュメントの更新頻度　【お勧め度：★★★☆☆】

　設計ドキュメントの更新頻度は、設計の可視化と共有の状況を示す指標です。この指標は、設計の変更が適切にドキュメントに反映されているかを評価するのに役立ちます。ドキュメントとは、要件定義がされている Qiita Teams ／ Kibela ／ Wiki ／ Google Docs などのドキュメントはもちろんですが、コード中のコメントなどもドキュメントの 1 つです。

　ただし、設計ドキュメントの更新は開発者の負担になる可能性があり、チームへの浸透のしやすさという点では課題があります。また、本指標の開発生産性への直接的な影響は限定的です。

　本指標は、設計の変更が開発チーム内で適切に共有され、認識の齟齬を防ぐために活用できます。OpenAPI や Swagger などの API 仕様書も設計ドキュメントですので、こうしたツールを使うことも 1 つの手段です。

コーディング規約の遵守率　【お勧め度：★★★☆☆】

　コーディング規約の遵守率は、コードの一貫性と可読性を示す指標です。この指標は、コードの保守性に一定の影響を与えますが、開発生産性への直接的な影響は限定的です。また、コーディング規約の遵守率は、チームの文化や規律に依存するため、改善には時間がかかります。

　本指標が高いチームは、コードの品質が高く、コミュニケーションの効率も良い傾向にあります。とくに大規模なチームや、メンバーの入れ替わりが多いチームで重要な指標になります。

　設計・実装フェーズの質と効率性を評価する上でいずれも重要な指標ですが、それぞれに強みと弱みがあります。指標の選択には、組織の目的や課題、開発プロセスの成熟度などを考慮する必要があります。また、指標間の関連性も考慮し、バランスの取れた指標セットを選ぶことが重要です。

　設計・実装フェーズの質を向上させるには、選択した指標を継続的に測定し、改善策を実行することが不可欠です。また、指標の改善には、開発チームの理解と協力が欠かせません。指標の意義や目的を共有し、チームメンバーの主体性を

尊重しながら、改善活動を進めていくことが大切です。

テスト・品質保証フェーズ

　テスト・品質保証フェーズは、開発したソフトウェアの品質を確保するための重要なフェーズです。このフェーズでは、さまざまな種類のテストを実施し、バグや欠陥を検出・修正することで、高品質なソフトウェアの提供を目指します。

バグ検出率　【お勧め度：★★★★☆】

　バグ検出率は、マニュアルテストなどのテストによってどの程度のバグが検出されたかを示す指標です。この指標は、テストが十分にできているかを測る上で重要であり、ユーザー価値や事業貢献との関連性も高いと言えます。本指標が高いほど、リリース後の品質問題のリスクを減らせます。検出できた場合にチケット管理ツールなどで起票されるため、計測もしやすいはずです。

　ただし、バグ検出率の向上には、テストケースの網羅性や品質の向上が必要であり、改善には時間がかかる場合があります。

性能テストの結果（応答時間、スループットなど）　【お勧め度：★★★★☆】

「ユーザーがアクションを実行してから、システムが応答を返すまでの応答時間」「一定時間内にシステムが処理できるリクエストやトランザクション数などのスループット」「リソース使用率」「同時接続数」などが**性能テストの結果**として得られます。

　これらの指標は、システムの性能やスケーラビリティを評価するための重要な情報となります。ユーザー体験やシステムの信頼性に直結するため、事業貢献度も高い指標と言えます。性能テストの結果が良好であれば、システムの品質や信頼性が高いことを示し、ユーザー満足度や離脱率の改善に繋がる可能性があります。

　APIリクエストの時間はとくにわかりやすく、問題発見のしやすい指標です。まずは現状のAPIリクエストの時間を計測することから始めると良いでしょう。

リグレッションテストの実施率　【お勧め度：★★★☆☆】

　リグレッションテストの実施率は、「変更によって意図しない副作用が発生していないかを確認するためのテスト」の実施率を示す指標です。リグレッションテストは、品質の安定性を維持する上で重要であり、実施率が高いほど品質問題

のリスクを減らせます。

　ただし、リグレッションテストの自動化には一定の工数が必要であり、チームへの浸透にも課題がある場合があります。

　また、フロントエンドにおけるビジュアルリグレッションテストは、UIの変更とともに必ず調整が必要なため、難しくメンテナンスも大変です。さらに、ユーザーが作ったコンテンツや外部サービスを使ったログイン、広告やアニメーションなどが入る場合にも工夫が必要なため、他の指標と比べると後回しにすべき指標です。

4.4.2　②バリューストリーム指標

バリューストリーム指標とは

　バリューストリーム指標は、開発プロセス全体を通して、顧客に提供する価値の流れを評価するための指標です。これらの指標は、開発プロセスの効率性と有効性を測定し、改善点を特定するのに役立ちます。

　バリューストリームとは、顧客にとって価値のある製品やサービスを生み出すために必要なすべての活動の流れを指します。たとえば、ソフトウェア製品開発の場合は、アイデア、調査・分析、要件定義、開発、品質保証、リリース、リリース周知、活用促進まで、顧客に価値を届けるまでのすべてのステップを含みます。

　バリューストリームの目的は、顧客への価値提供の流れの中で無駄をなくし、より早い価値提供を実現することです。無駄の例として、バリューストリーム終盤での手戻り、本番リリース後のバグ発見によるバグ対応負荷の増加、付加価値を生み出さない作業、待ち時間などがあります。これらの無駄を徹底的に削減することで、バリューストリーム全体のリードタイムを短くし、顧客に価値をより早く届けられるようになります。

バリューストリームの測定と改善

　バリューストリームの測定には、バリューストリームに関わるステークホルダーを集め、**バリューストリームマップ（VSM）**を作成することが有効な手法です（**図4.1**）。バリューストリームの各プロセスをバリューストリームマップとして書き出し、それぞれのプロセスでの「リードタイム（プロセスの開始から終了までの時間）」「プロセス時間（プロセスの実行時間）」「手戻り率（前のプロセスの再作業が発生する率）」を記録します。

図 4.1　バリューストリームマップ（https://dora.dev/devops-capabilities/process/ work-visibility-in-value-stream/ の図を参考に筆者作成）

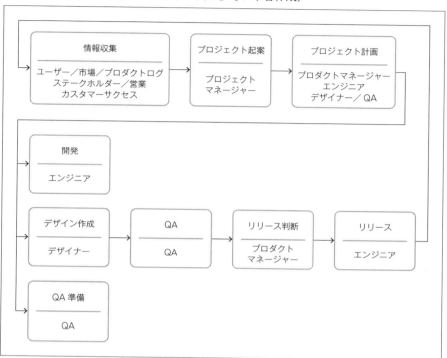

　作成したバリューストリームマップを活用し、バリューストリームのボトルネックを探します。具体的には、待ち時間が長いプロセス（プロセス時間に比べてリードタイムが長いプロセス）やバリューストリームの後半で手戻り作業が多いプロセス（手戻り率が高いプロセス）を特定します。そして、バリューストリームが最適化された ToBe のバリューストリームマップを作成し、関係者で同意して改善を進めます。

　バリューストリームの改善では、付加価値を生み出さない無駄を徹底的になくします。具体的な改善策としては、WIP 制限、属人化の削減、技術的負債の解消、自動テストの充実、CI/CD の高速化、デプロイの自動化、モニタリングの自動化、トイル（繰り返し手作業で行う自動化できる作業）の削減などさまざまなプラクティスがあります。ボトルネックに応じて適切な手段を講じます。

主要なバリューストリーム指標

　以下に、バリューストリーム指標の具体例を示します。

サイクルタイム　【お勧め度：★★★★★】

　サイクルタイムは、アイデアの着想から実際に顧客に価値が届くまでの時間を示す指標です。この指標は、開発プロセス全体の効率性を測定し、ボトルネックを特定するのに役立ちます。サイクルタイムが短いほど、顧客に価値を素早く提供できることを意味します。本指標の改善には、開発プロセスの自動化、コミュニケーションの効率化、意思決定の迅速化などが有効です。

価値のあるフィーチャーの割合　【お勧め度：★★★★☆】

　価値のあるフィーチャーの割合は、開発されたフィーチャーのうち、顧客や事業に実際に価値をもたらすものの割合を示す指標です。この指標は、開発リソースが本当に重要な機能に投資されているかを評価するのに役立ちます。本指標が高いほど、開発チームが事業価値に適切に貢献していることを意味します。

　本指標を改善するには、優先順位付けの明確化、顧客理解の向上、フィードバックループの強化などが有効です。

手戻り率　【お勧め度：★★★★☆】

　手戻り率は、開発プロセスにおいて手戻りが発生した割合を示す指標です。手戻りは、品質問題、要件の変更、コミュニケーション不足などが原因で発生します。手戻りが多いほど、無駄な作業が増え、開発効率が低下します。

　本指標を改善するには、開発プロセスの標準化、品質管理の強化、コミュニケーションの改善などが有効です。

4.4.3　③個人の生産性指標

　生産性指標は、個々の開発者の生産性を評価し、最終的には開発チーム全体に影響する指標です。

1タスクあたりの平均開発時間　【お勧め度：★★★★☆】

　1タスクあたりの平均開発時間は、ある機能やタスクを開発するために要した平均的な時間を示す指標です。平均開発時間が短いほど、効率的に作業を進めて

いる状態です。

　本指標を改善する上では、開発環境を良くすることも大事ですが、タスクの粒度が十分細かくできているかも影響します。細かい粒度で作らないと、タスクの進捗が自分以外から見えにくくなったり、手戻りが発生して最終的にチームの生産性が下がったりすることがあります。

　注意すべき点として、タスクの複雑さや規模が異なる場合、単純に平均時間を比較することはお勧めできません。時間短縮は大事ですが、品質を犠牲にしてしまうことがあるので、バランスを考えながら進めることが大事です。

　ものにもよりますが、数時間〜1日程度で開発できる粒度にTODOを分解していくことで、メンバーに進捗を見せにくい状況を減らし、チーム開発も効率が良くなります。

プルリクエストの粒度とコード行数　【お勧め度：★★★★☆】

　あくまで参考程度になりますが、**プルリクエストのコード行数**を平均して見ていくことで、**プルリクエストの粒度**を確認できます。しかし、コード行数はコードの複雑さや品質を考慮していないため、生産性の指標としては限界があります。コード行数が多すぎる場合はレビュー時に困る可能性もありますが、短すぎるコードが良いとも長いコードが良いとも一概には言えません（状況によります）。

　テストコードが書けているか、リファクタリングが不要かなどといった品質面も見ながら、コード行数を見ていくと良いでしょう。

開発者の集中時間　【お勧め度：★★★★☆】

　コーディング業務は思考時間も多く集中力が必要です。**開発者の集中時間**は、開発者が割り込みなく連続して開発作業に集中できる時間を示す指標です。集中時間が長いほど、開発者は複雑なタスクに取り組みやすく、自分のタスクをこなすための生産性としてはインパクトが大きいです。本指標の改善には、会議の頻度や時間を見直したり、カレンダーをブロックし集中時間を確保したりすることなどが有効です。

　しかしながら、自分だけでずっと集中してしまうとコードレビューなどのチームコミュニケーションが遅くなってしまう、会議への不参加が多いと協調性が失われチームとしての生産性が下がる、といった可能性もあります。

4.4.4 ④チームの生産性指標

　続いて、チーム全体の生産性を評価するための指標について詳しく見ていきましょう。

コードレビューの所要時間　【お勧め度：★★★★☆】

　コードレビューの所要時間は、コードレビューが依頼されてから完了するまでの平均的な時間を示す指標です。チーム全体の生産性を評価する上でも重要な指標であり、詳しくは「4.4.1　①開発プロセスに沿った指標」内の「コードレビューの所要時間」の解説を参照してください。

　本指標を改善するには、レビュー対象の適切な範囲設定、レビューアーの割り当ての最適化、レビューツールの活用、レビューの通知とリマインダーの設定などが有効です。

　ただし、レビュー時間がかかることを危惧して大事なコメントも省略してしまうと、相手に必要な学びを伝えられなくなります。必要なレビューをしながらも、別途学びとして相手に情報を共有する、自分の意見を残すこともぜひ行いましょう。

コードレビューの参加率と負荷・偏り　【お勧め度：★★★★☆】

　コードレビューの参加率は、メンバーがコードレビューにどの程度参加しているかを示す指標です。メンバー全員がコードレビューをしている環境が望ましいですが、環境によってはテックリードやCTOなどのリーダーが1人でコードレビューを行っているケースもあります。

　コードレビューの重要性は理解しているものの、コードレビューを任せられない環境かもしれません。小さなレビューはメンバーに任せる、リーダーとメンバーの2人で見ていくことから始めて徐々にコードレビューを他人に任せられるようにすることを視野に入れると良いでしょう。

　上記と併せて**コードレビューの負荷や偏り**も見ましょう。コードレビューがメンバー間でどの程度分散されているかを見ます。特定の人に偏っていると、レビューの効率が下がりレビュー完了までの時間も長くなってきます。また、レビュー担当者がコードを書く時間を確保できないといった課題も生じるため、レビュー担当者をランダムでアサインするといった手法も考えられます。
「不公平感を出さない」「技術力」の両方の観点から、コードレビューの参加率と負荷・偏りを見ていくことが重要です。

ドキュメント作成数　【お勧め度：★★★☆☆】

　ドキュメント作成数は、一定期間に作成されたドキュメントの数を見ます。ドキュメント数が少ないと知見の共有ができず、チームメンバーのキャッチアップが十分にできなくなる可能性があります。新入社員などのキャッチアップも必要なため、一定数の作成・更新を目標に設定するのは良いでしょう。

　しかしながら、ドキュメントの内容が不十分であったり、古いままのドキュメントが残っていたりすると、逆に生産性を落としてしまう原因になります。数を追うだけではなく、更新日なども同時に見ながら評価していくことが重要です。

4.4.5　⑤組織文化指標

　組織文化指標は、開発チームを含む組織全体の文化や雰囲気を評価するための指標です。直接的に関係がないように感じるかもしれませんが、良い組織文化はメンバーのモチベーションやパフォーマンスにも大きな影響を与えるため、重要な指標です。

エンゲージメント（エンゲージメントサーベイのスコア）【お勧め度：★★★★★】

　エンゲージメントは、従業員が組織に対して感じる愛着や貢献意欲を示す指標です。Wevoxやモチベーションクラウドなどのサーベイツールを組織で導入している場合には、その数値の変化などを見ていくのが良いでしょう。

　高いエンゲージメントは、従業員のモチベーションや生産性の向上に繋がります。エンゲージメントは通常、従業員サーベイ（アンケート）によって測定されます。本指標を改善するには、従業員の声に耳を傾ける、キャリア開発の機会を提供するなど職場環境を整備することが有効です。

　もちろん、組織の状況によっては従業員の意見を取り入れられない時があるかもしれません。そういった場合は、「従業員の声は聞こえているが、現在どのような理由でその声を取り入れられないのか」といった納得感のある回答をする、いつから再考するのかなどの情報を伝えるだけでも、エンゲージメントが向上するかもしれません。

従業員満足度（満足度調査のスコア）【お勧め度：★★★★★】

　従業員満足度は、従業員が自分の仕事や職場環境にどの程度満足しているかを示す指標です。高い満足度は、従業員のリテンションや生産性の向上に繋がりま

す。満足度も通常、従業員サーベイによって測定されます。また、開発組織におけるエンジニア向け調査も有効です。

　たとえば、株式会社マネーフォワードでは以下のような開発者体験サーベイを行っています[注4.2]。

- 会社から提供される機材は充実しており、十分な性能を備えている
- 開発に必要なツールは、必要に応じて会社から提供される
- プロジェクトの開発環境の設定手順はよく整備されており、すぐに開発を開始できる
- 開発環境で修正したソースコードをすぐに検証し、その機能を確認できる
- プロジェクトのソースコードの品質は優れており、よくメンテナンスされている

　上記は一例ですが、開発者向けの調査を行うことで、**開発者の満足度**を向上させるための施策を検討できます。開発者の満足度が生産性に与える影響については、Appendixの「A.3.4　開発者の満足度と生産性の関連性」も参照してください。

　エンゲージメントも従業員満足度も、どちらもすぐに数値が改善するようなものではありませんが、継続的に取り組み、メンバーの声にきちんと耳を傾けていくことが大事です。ただ数値を計測するだけではなく、良い組織にするためのマネジメント施策を考え、より働きやすい環境を実現していきましょう。

注4.2　https://moneyforward-dev.jp/entry/2024/03/07/090000

4.5 開発者体験とSPACEフレームワーク

開発者体験を向上させることは、組織の開発生産性を向上させることにも繋がります。ここでは開発者体験を評価するためのよく知られた指標として、SPACEフレームワークについて解説します。

4.5.1 SPACEフレームワークとは

　開発者体験は、開発者が開発業務を行う中で感じるすべての体験を指します。Nicole Forsgren博士らが提唱したSPACEフレームワークは、この開発者体験を評価するための指標です。

　SPACEは、「Satisfaction and well-being（満足度と幸福度）」「Performance（パフォーマンス）」「Activity（活動）」「Communication and collaboration（コミュニケーションとコラボレーション）」「Efficiency and flow（効率とフロー）」の頭文字を取ったものです。

4.5.2 SPACEフレームワークの各項目の概要

満足度と幸福度（Satisfaction and well-being）

　開発者の満足度と幸福度は、モチベーションとパフォーマンスに直結する重要な要素です。以下のような点を評価します。

- 開発者は自分の仕事にやりがいを感じているか
- ワークライフバランスが適切に保たれているか
- メンタルヘルスをサポートする仕組みがあるか
- 多様性が尊重される環境か

　開発者の満足度と幸福度を高めるには、業務量を調整して忙しすぎず楽すぎな

い状態を作る、柔軟な働き方を導入する、メンタルヘルス支援など、定量的な部分だけではなく定性的な部分（メンバーがどう感じるか）も重視する必要があります。

パフォーマンス（Performance）

　開発者のパフォーマンスを評価することで、チームの生産性を把握し、改善点を特定できます。先述したFour Keys（「4.2　Four Keys」を参照）の指標を改善することで、パフォーマンスを向上させられます。とくにチーム全体の指標に近くなってくるのがFour Keysです。

活動（Activity）

　開発者個人の日々の活動を可視化することで、チームの働き方や課題を把握できます。ここまですでに解説してきましたが、**表4.10**のようなものです。

　集中してコードを書く状態が作れているか、常に負債を解消しながらチームで開発を進めていける状態になっているのかが見える指標です。

コミュニケーションとコラボレーション（Communication and collaboration）

　効果的なコミュニケーションとコラボレーションは、チームの一体感とパフォーマンスを高めます。**表4.11**のような点を評価します。

　情報共有をし合えるような環境や状況を作りながら、相互にコミュニケーションを自発的に行える状態が望ましいでしょう。

効率とフロー（Efficiency and flow）

　開発者がスムーズに作業を進められる環境を整えることで、生産性を高められます。**表4.12**のような点を評価します。

　開発者の効率とフローを改善するには、自動化の推進、ワークフローの最適化、集中を阻害する要因の排除などが重要です。

　SPACEフレームワークを追うことで開発者体験が良くなると言えますが、SPACEフレームワークの内容は多岐にわたります。チームの状況を見ながら、取り組みやすい指標を選んでみましょう。とくに、「活動」「パフォーマンス」は数値化がしやすいので、まずはそこから取り組んでみるのも良いでしょう。

表 4.10 開発者個人の活動を可視化するための指標の例

指標	概要
コードの変更頻度	開発者がコードを変更している頻度
コードレビューの活発さ	コードレビューのコメント数や参加者数
技術的負債の蓄積状況	コードの複雑度や重複度の推移
開発者の割り込み状況	会議やその他の割り込みによる開発中断の頻度

表 4.11 コミュニケーションとコラボレーションを評価する指標

指標	概要
知識共有の活発さ	ドキュメンテーションの充実度や社内 Q&A の利用状況
チーム間の コラボレーション	他チームとの連携プロジェクトの頻度や成果。たとえば企画、デザイン、マーケティングなどのチームとの連携ができているか
コミュニケーション ツールの活用度	Slack、Microsoft Teams などのツールの利用が活発に行われているか
心理的安全性	自分の意見を自由に表明できる環境か。相手からの意見を受け入れやすいマインドになっているか

表 4.12 効率とフローを評価する指標

指標	概要
開発環境のセットアップ時間	新しい開発者が環境を構築するのにかかる時間
ビルド・テストの自動化率	手動作業を自動化することで得られる時間削減効果
割り込みの少ない集中時間の 確保	メールやチャットによる割り込みを最小限に抑える工夫
ツールやプロセスの シームレスな統合	開発者が複数のツールを行き来する必要性の低減

　ここまで説明したように、開発者体験は数値的な側面だけではなく、定性的な面やチーム内外の協力もあって成り立つ概念であることがわかります。開発者体験の一部に開発生産性が含まれる包括的な概念であることから、開発者体験を向上させることは、開発生産性を向上させることにも繋がります。

4.6 開発生産性に間接的に結びつく指標

「4.4　開発生産性に直接的に結びつく指標」では、開発プロセスに直接結びつきやすい指標について解説しました。ここでは、開発プロセスには直接結びつかないものの、組織全体のパフォーマンスや長期的な開発持続可能性に影響を与える指標を取り上げます。

4.6.1　間接的な指標とは

　間接的な指標は、開発プロセスに直接関連するわけではありませんが、組織全体のパフォーマンスや、長期的な開発の持続可能性に影響を与える指標です。これらの指標は、「売上を作るもの」「コストを削減するもの」に大別できます。また、離職率も間接的な指標の1つと言えるでしょう。

4.6.2　①売上を作る指標

　売上を作ったり、KPIを改善したりすることが該当します。開発チームは、これらの指標の改善に貢献するための機能開発や品質向上に注力する必要があります。

売上高
　売上高は、当たり前ですが会社が存続する上で一番大事な指標です。組織の規模を表す指標でもあり、組織全体のパフォーマンスを示す指標でもあります。

プロダクトKPI（アクティブユーザー数、コンバージョン率など）
　プロダクトKPIは、開発チームの成果物であるプロダクトのパフォーマンスを示す指標です。アクティブユーザー数やコンバージョン率の増加は、プロダクトの価値や市場での受容を示しています。APIのレスポンススピードの改善や日々提供される機能数など、開発効率なども影響してきます。

4.6.3 ②コストを削減する指標

コストを削減する指標の改善に取り組むことで、開発チームは効率的な開発や利益向上に寄与できます。

営業利益率

営業利益率は、売上高に対する営業利益の割合を示す指標です。高い営業利益率は、事業の収益性の高さを示しています。

利益率が高い状況を作るには、低いコストで大きな売上を生むような状況を作る必要があります。エンジニアリングは効率化の要素が強く、コスト削減に貢献できる部分は多いでしょう。

インフラ費用の削減率と不要なリソース削減

インフラ費用の削減率は、インフラの運用コストを削減するための指標です。クラウドサービスの利用やインフラの自動化など、効率的なインフラ運用によってコストを削減できます。**不要なリソース**（サービスや機能）の削減を行うことも、インフラ面の費用削減に繋がり、ゆくゆくは営業利益にも繋がります。

不要なサービスの解約や機能の削減は、金銭的なメリットだけではなく、開発チームの負担軽減にも繋がります。ずっと使われたままの状態であると、今後の開発でもそのサービスや機能を意識し続ける必要がありますが、削除することでその負担がなくなるのです。

4.6.4 ③離職率

離職率は、開発チームのモチベーションやエンゲージメントにまで影響します。

昨今、エンジニアの採用は非常に難易度が高くなっています。1人のエンジニアが離職することが組織にとって大きなインパクトとなるため、離職率を下げることは非常に重要です。従業員満足度などの観点から、離職に繋がる要因を改善することが求められます。

組織運営においては、個人と向き合いながら、各個人の実現したいキャリアを一緒に伴走し形成していくことを忘れずに。

◆　　◆　　◆

本章では、開発プロセスに直接的に結びつく指標から、間接的に組織全体のパフォーマンスや開発の持続可能性に影響を与える指標まで、さまざまな観点から開発生産性の指標について解説してきました。

　これらの指標を選択し活用する際は、DORAが提唱しているDevOpsのコアモデル^{注4.3}も参考になります。このモデルは、技術的な機能（Capabilities）がソフトウェア開発のパフォーマンス（Performance）を向上させ、それが組織の成果（Outcomes）に繋がるという関係性を示しています。

　本章で解説してきた指標も、このコアモデルの中に位置づけることができるでしょう。たとえば、Four Keysはソフトウェア開発のパフォーマンスに直結する指標ですし、従業員の幸福度は組織の成果の1つでもあります。開発チームの取り組みが、最終的には組織の売上や利益、そして従業員の幸福度にまで影響を与えることを意識しながら、日々の取り組みに注目しましょう。

　単に開発スピードを上げるだけでなく、ユーザー、事業、組織に価値をもたらし、組織全体の成果に繋げるという視点を持ちながら、適切な指標を選択し、継続的な改善に取り組んでいきましょう。

注4.3　https://dora.dev/core/dora-core-model-v1.2.2.pdf
　　　　　https://cloud.google.com/architecture/devops?hl=ja

事例から学ぶ開発生産性向上の取り組み①
株式会社 BuySell Technologies

本章では、買い取りサービス「バイセル」や EC 販売の「バイセルオンライン」を中心に、総合リユース事業を展開している株式会社 BuySell Technologies が、2022 年以降に取り組んだ開発生産性向上のための活動について紹介します。

開発生産性への取り組みの背景

　株式会社BuySell Technologies（以降、BuySell Technologies社）は2021年4月の今村雅幸氏のCTO就任を機に、テクノロジー戦略の加速、テクノロジー領域への投資強化に舵を切りました。

　全社として次の4つの戦略を打ち立て、さまざまな施策を推進していきました。

- データドリブン経営の加速
- テクノロジー活用による生産性向上
- AI技術とデータを活用した研究開発
- エンジニアリング組織マネジメント

　ここでは「エンジニアリング組織マネジメント」に焦点を当て、話を進めます。

CTO室の立ち上げ

　プロダクトの開発体制を整えるために最初に実施したことは、CTO室の立ち上げです。スピード感を持って取り組むため、今村氏と同じ視座を持って動けるチームは欠かせませんでした。

　CTO室のミッションは「全社における技術的な戦略策定および、エンジニア組織強化のための施策の推進」です。CTO室は、プロダクトの開発体制を整えるために欠かせないと考えたエンジニアの採用強化に向け、MVV注5.1の策定、採用体制作り、評価制度や社内制度の設計といったさまざまな取り組みを着々と進めていきます。これらの施策推進の結果、エンジニア組織の規模を拡大することができました。

　エンジニア組織が拡大すると、経営レイヤーの視点では、「組織の生産性」が気になってきます。各メンバーがどの程度のアウトプットを出せているのか、チームの状態に変化はないのか。こうした事柄は、組織の規模が大きくなるにつれ見

注5.1　Mission（ミッション）、Vision（ビジョン）、Value（バリュー）の頭文字をとったもので、企業や組織の目的、目標、そして核となる価値観を表すフレームワークです。

えづらくなってきます。そこで、注目したのがエンジニアの生産性の可視化です。

　一方の現場でも、メンバーの育成やスクラム運用を通じ開発生産性の向上に取り組む中で、その結果・成果を定量的に測れず、本当に良くなっているかわからないという課題を抱えていました。こういった話題がチーム内でも上がるようになり、本格的に開発生産性の可視化に取り組み始めることとなります。

開発生産性向上を目指す組織文化作り

　開発生産性向上の取り組みを成功させるためには、トップダウンでの発信だけでは不十分です。現場での運用に定着させるには、開発生産性に取り組むメンバーそれぞれが意思を持って進めることが欠かせません。そのため、BuySell Technologies社では、開発生産性の可視化と並行して開発生産性向上を目指す組織文化作りも進めます。

　具体的には、**成功事例の共有**と**知見の共有**という2つの軸で進めていきました。

　まず、成功事例を社内にすばやく展開するため、全社一斉に取り組みを開始するのではなく、小さく始めて成功させることに注力しました。その事例をまとめたテックブログ記事や社外での登壇資料を社内Slackで共有する、開発生産性が高い企業に贈られるFindy Team+ Awardを受賞した件を採用デックに掲載するなど、開発生産性向上にチームとして取り組んでいないメンバーも興味を持てるよう工夫しました。

　知見の共有という観点では、開発生産性向上の前提知識となるフロー効率とリソース効率、開発生産性の概論について社内勉強会を行いながら、メンバーの知見を深めていきました。

小さく始めて成功事例を作る

　当時のBuySell Technologies社のエンジニア組織は70名ほどであり、担当するプロダクトごとに部門が分かれ、その配下に複数のチームが紐づいていました。

　小さく始めて成功事例を作るという目的から、最初の取り組みは1つの部門配下の3チーム（計30名程度）から開始しました。

　3チームを選定した背景としては、開発生産性と言ってもチームごとに課題感や目標とすべき数値が異なるため、

- 一定のコンテキストを共有できること
- 複数のチームで同時にチャレンジをすることで、お互いのナレッジや施策を共有しながらより効率的に取り組みを進めること

の2つが狙いでした。

Aチームの取り組み

　ここからは、開発生産性向上に取り組んだ3つのチームのうち、2つのチームの取り組みについて詳しく紹介します。

　最初にAチームの取り組みを紹介します。このチームは、エンジニアリングマネージャー1人、サーバーサイドエンジニア2人、フロントエンドエンジニア3名の計6名で構成されており、新卒などジュニアメンバーが多いという特徴がありました。

Aチームが開発生産性に着目した背景

　Aチームが開発生産性に着目した背景には、ジュニアメンバーのキャリア形成がありました。メンバー自身は「テックリードを目指したい」という目標を持っているものの、自分自身の現在地やテックリードとの差が不明確な状況でした。

　そこで、現在地を確認するために、普段の生産性についてベロシティ注5.2や消化ストーリーポイントから把握しようと試みました。しかし、この2つの指標はチームの生産性において着目すべきポイントであるため、個人の生産性が下がった要因を深掘りしづらく、次のアクションに繋げづらいものでした。

　開発生産性について調べていく中で、DORAが提唱しているFour Keys（第4章「4.2　Four Keys」を参照）に出会い、開発生産性の指標として定めることとしました。

注5.2　アジャイル開発において、チームが一定期間（スプリント）で完了できる作業量を示す指標。ポイントで表され、過去のスプリントをもとに将来のスプリントの計画を立てるのに用いられます。

プルリクエスト作成数を指標に据える

まずFour Keysの可視化に取り組み始めますが、Four Keysは結果指標であるため、個人だけではなくチームでも直接的に追うには大きすぎることがわかりました。そこで、コミットやレビュー、マージといった開発の各プロセスのリードタイムに着目し、スクラムのタスク粒度を小さくするトライを始めましたが、リードタイムの数字にはなかなか響かない状況が続きました。

そこで、メンバーが日常の開発業務の中で意識をしやすいプルリクエスト作成数を目標と定めることとしました。実際にデータを見たところ、テックリードとチームメンバーのプルリクエスト作成数に差があったということも、目標として設定した背景にあります。

プルリクエスト作成数を目標と定めたことで、メンバー自身が、

- プルリクエスト作成数を増やすためには、単位を縮小する必要がある
- そのためには、タスクの粒度を小さくし、かつ仕様理解が深い必要がある

と逆算して考えられるようになりました。

初期に取り組んだ「リードタイム短縮のためにタスクの粒度を小さくする」ことと同じではありますが、プルリクエスト数を増やすというゴールが見えたことで、取り組みの精度を高められるようになったのです。

チームへの定着

開発生産性の向上を一過性のものとせず持続させるには、開発生産性に対する意識をチームに浸透させていく必要があります。

取り組み初期から、レトロスペクティブにおけるチームの開発生産性の確認、1on1ミーティングにおいてもメンバー自身の生産性のふりかえりを行いました。

また、開発生産性の指標をメンバーの評価に組み込むことはせず、「他チームの開発生産性と比較するとこうだから、もっと乗り越えていこう！」とゲーミフィケーションのようなスタイルを意識しながら取り組みを進めることで、チームに開発生産性への意識を浸透させていくことに成功しました。

デプロイ頻度向上とリードタイム削減を実現

　これらの活動を通じて、チームの開発生産性は大幅に改善していきました。

　各メンバーが目標としていたプルリクエスト作成数（人／日）は、取り組みを開始した2022年9月から3ヵ月間で約1.6件から約3.2件と、およそ倍に増加しています（**図5.1**）。

　これに伴い、Four Keysの指標であるデプロイ頻度についても、2件ほどだったものが10件超まで約5倍に増加しました。「全体で作るものの総量には変化がなく、プルリクエスト作成数は増えている」、つまり、1つ1つのプルリクエストに対する負荷が下がり、デプロイ頻度が上がったのです。また、各プルリクエストの粒度が小さくなったことによってレビューもスムーズに回せるようになり、リードタイム全体も下げられました（**図5.2**）。

図 5.1　Ａチーム：取り組み開始前後半年の１人あたりプルリクエスト作成数の推移

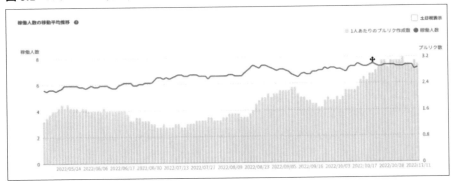

図 5.2　Ａチーム：取り組み開始前後の半年のデプロイ頻度と変更のリードタイムの推移

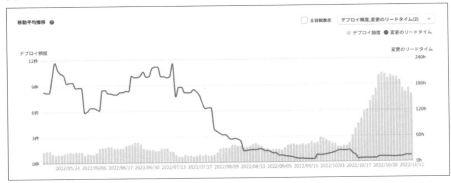

メンバーからも「プルリクエストを小さくしたことで、うまく回り始めた」という声が出ており、開発する前に意識的に課題を細分化して進められていることと相まって、良いサイクルが生み出されました。

メンバー自身の成長にも寄与

　Aチームが開発生産性への取り組みを始めるきっかけとなった、メンバーの成長に関しても良い変化が現れました。

　まず、メンバー自身が前週と比較した開発生産性を認識できるようになったことで、目指すべき指標までのステップが可視化され、メンバーのモチベーションにも繋げられました。

　また、ジュニアメンバーが多いチームだったことから、見積もりの甘さを要因としたスケジュールの後ろ倒しが多く発生していたのですが、開発生産性が安定していくにつれて見積もりも正確になりました。プロジェクト全体が遅延すると、心理的安全性が大きく下がる要因にもなりますが、見積もりが正確になることでそれを防げます。

　開発生産性向上への取り組みを通じ、メンバー自身のモチベーションの源泉とパフォーマンス維持に欠かせない心理的安全性が実装され、メンバーが伸び伸びと成長できる環境を作れたのです。

Bチームの取り組み

　次にBチームの取り組みを紹介します。このチームではCTO室からスクラムマスターが支援に入り、チーム体制の強化に取り組んでいました。スクラムガイドの読み合わせやロードマップの引き直し、プロダクトバックログの整理など、スクラム運用の改善を進めていました。

Bチームが開発生産性に着目した背景

　スクラム運用の改善を進めていく中で、現場では「開発生産性が向上している」という肌感はあったものの、取り組みの成果を定量的に測れていませんでした。

そのため、本当に開発生産性が良くなっているのか開発組織の内外から疑問を持たれていました。

　こういった話題がレトロスペクティブでも議題に上がるようになったことをきっかけに、本格的に開発生産性の可視化に取り組み始めることとなったのです。

プルリクエスト作成数を開発生産性のセンターピンに

　開発生産性を測る指標として最初に着目したのがFour Keysでした。チームが開発を進めているフェーズだったため、Four Keysの中でも「変更のリードタイム」（コミットから本番環境稼働までの所要時間）に着目することにしました。

　しかし、変更のリードタイムは直接的に追うには大きすぎる指標でした。そこで、Aチームの取り組みと同様に、エンジニアメンバーが意識しやすい「プルリクエスト作成数」を目標として開発生産性の向上に取り組み始めます。

　プルリクエスト作成数を増やすには、プルリクエストの粒度を小さくする必要があります。粒度を小さくすることによってプルリクエストのレビューコストが下がり、マージまでの速度が向上するという仮説を立て、変更のリードタイムという「時間の目標」を、エンジニアメンバーが意識しやすいプルリクエスト作成数という「量の目標」に置き換えたのです。

リファインメントとプランニングの改善

属人化の問題

　開発生産性の向上に取り組む中で、チームでは「属人化」という問題にぶつかります。具体的には、フロントエンド知識およびドメイン知識の属人化です。

　当時、フロントエンド開発は1名のフルスタックエンジニアによって進められており、業務委託メンバーの管理も含め、そのメンバーが稼働できない場合にはフロントエンドの開発が完全に止まってしまう状態でした。また、フロントエンドとバックエンド双方の事情を鑑みた上で実装方針を決める必要がある時も、そのメンバーが不在だと方針が固まらないという状態でした。ドメイン知識についても、役割やプロジェクト歴により差が顕著に表れていました。

　これら2つの属人化の影響により、チーム内でのコミュニケーションにおける認識齟齬や作業の手戻りが発生し、チームとしての開発生産性に悪影響が生じて

いたのです。

　知識量に差が生じる原因は複数あると考えられましたが、大きな要素として「チームとしてのタスクの進め方」があると考えました。当時は、タスクにアサインされたエンジニアが要件定義から開発を進めていくスタイルであったため、自分が担当していない部分の知識量は各々の努力に強く依存していたのです。また、要件の理解が浅いメンバーは、考案する実装方針が目先の対応になってしまいがちでした。

　このような状況を改善するため、リファインメントとプランニングの見直しに着手しました。

リファインメントの見直し

　当時から、実装方針の策定や仕様に関するディスカッションはチーム全体で実施していたのですが、経験の浅いメンバーは知識量の不足から議論に参加できていないこともありました。

　そこで、リファインメント注5.3のやり方を整備し、エンジニア全員の意見を拾えるようにしていきました。具体的には次の3つの取り組みを実施しました。

- 社員、業務委託を問わず、参加できるメンバーは全員参加する
- 全員がストーリーポイントの実装イメージをはっきり持てるまで議論し、詳細化する
- ストーリーポイント付けの根拠をエンジニア全員が発表し、認識のずれを矯正する

　全員が実装イメージをはっきり持てるようにするため、対象チケットがなくなるまで、1時間/回のミーティングを毎日実施しました。また、プロダクトオーナーが事前に記載した内容に対して質疑応答を行いながら、残タスクや「行わないこと」を具体化しました。

　さらに、技術的に専門外のメンバーであっても実装のイメージを持てるよう、必要に応じて追加の解説も行うようにしました。

　ポイント付けに対する認識のずれを正すため、プランニングポーカーツールを

注5.3　アジャイル開発において、プロダクトバックログのアイテムを詳細に検討し、理解を深めるプロセス。優先順位の調整、見積もり、タスクの明確化などを実施します。

利用し、各々の得意な技術領域かどうかに関わらず全員でポイント付けを実施しました。また、ポイント付けの根拠を1人ずつ発表する形をとりました。

プランニングの見直し

　次にプランニングについてです。前述したようにストーリーの大まかな内容やゴールをリファインメントでしっかり決めたとしても、「具体的にどう実装するか」の部分で認識がずれてしまい、手戻りが発生することがたびたび起こっていました。

　そこで、以下の2つの方針に従ってプランニングの進め方を整備しました。目的は、メンバーの誰もが、「作業内容の共通イメージ」や「なぜその作業を行うかの共通認識」をチケットを見るだけで得られるようにすることです。

- ストーリーチケットの作業内容を深掘りし、具体的な作業内容を細かく書く
- 記載した具体的な作業内容をもとに、全員の合意のもとサブチケットを切る

　作業内容を深掘りする粒度は、プランニングに参加していないメンバーでも同等の認識を得られる程度までとしました。

　これらの取り組みの結果、フロントエンド開発、バックエンド開発、要件調整や実装方針決めをメンバー全員が担えるクロスファンクショナルなチームとすることができました。各サブチケットで何をすれば良いのかを全員が把握している状態を作れたため、手が空いているメンバーはどのサブチケットも引き受けられるようになったのです。負荷がかかっていたメンバーの負荷軽減に繋がり、知識量や技術力不足によりスムーズに進められなかったメンバーの開発生産性向上にも繋がっていきました。

レトロスペクティブの再設計

　さらに、レトロスペクティブにもメスを入れます。もともとは、KPTなどを使ってフリーテーマで発散しながらふりかえりを行っていましたが、開発生産性の指標として置いたプルリクエスト作成数に焦点を当てたふりかえりへと設計し直しました。
　具体的には、以下の作業を徹底しました。

- 1日あたりのプルリクエスト作成数の変化をスプリント間で比較すること
- スプリント内でマージまでに時間のかかったプルリクエストを1つひとつ確認し、原因について話し合うこと

これにより改善案が出るようになってきました。

プルリクエストに関する目標やルールの設定

レトロスペクティブの中では、目標自体の改善にも議論が及びます。当初は「プルリクエスト作成数の増加」という大まかな目標しか設定しておらず、想定よりもプルリクエスト作成数が上昇しない状況となっていました。

そこでチーム内で議論をし、1人あたりの1日のプルリクエスト作成数や1つのプルリクエストの変更行数といった、より具体的なルールを設定していきました。

- 1日1人あたり2つ以上のプルリクエストを作成する
- 1プルリクエストあたりの変更行数を100行以内にする

プルリクエスト作成数の目標

1日1人あたりのプルリクエスト作成数については、「具体的にどの程度プルリクエスト数が増加すれば、開発生産性が良い状態であるのかを明確にしたい」という意見から設定された目標です。2つ以上、という値は、開発生産性が高いと言われていた他チームや他社の事例を参考にして設定しました。

プルリクエストあたりの変更行数の目標

1プルリクエストあたりの変更行数については、当初からプルリクエストの細分化に取り組む中で、分割の粒度についての意思統一が難しかったという背景から設定されました。

まずは実験的に、1プルリクエストあたりの変更行数に上限を設けてみることとし、仮に100行と設定しました。当時は1つのプルリクエストの変更行数が1,000行を超えることも多々発生していたため、かなり挑戦的なルールでしたが、実際に導入してみると意外とうまく進められたのです。

変更行数に制限を設けたことで、作業のスコープが小さくなり差分がわかりやすくなりました。変更の少ないプルリクエストは内容がわかりやすいため、結果

的にレビューの負荷も下がります。放置されがちだったプルリクエストがすぐに
レビューを終えられるようになり、コードを書いてからデプロイされるまでの時
間が大幅に短縮されたのです。

レビュー可能なプルリクエストの通知の改善

　前述したように、1人あたりの1日のプルリクエスト作成数、1つのプルリク
エストの変更行数といった目標を設定した結果、プルリクエスト作成数は爆発的
に増加しました。その結果、レビュー依頼が埋もれてしまうという新たな問題が
発生しました。

　当時は、Slackでレビュアーにメンションを付けてレビューを依頼する運用を行っ
ており、プルリクエスト作成数の増加によりレビュー依頼が流れてしまったり、
どれが未レビューのプルリクエストかわからなくなったりしてしまったのです。

　そこで、プルリクエストのレビュー依頼、およびレビューに対する返答の通知
方法の改善に取り組みました。具体的には以下の2つです。

- レビュー可能なプルリクエストの状態を統一する
- GitHubのSchedule reminderで通知の設定を統一する

プルリクエストの状態の統一

　1つ目のレビュー可能なプルリクエストの状態の統一についてです。当時は、
作業中のプルリクエストについて、

- タイトルに「WIP」を付ける
- ドラフト状態にする

などメンバーによりやり方がバラバラであったため、どのプルリクエストがレ
ビューをして良いものなのかGitHub上で見分けを付けづらい状態でした。そこ
で、レビューをしても良いプルリクエストの状態を「ready for review」かつ
「reviewerに自分が設定されている」状態として定義し、チーム内で統一を図り
ました。

Slackの通知を改善

2つ目は、Slackでの通知の問題を改善するためのルールです。レビュー依頼が埋もれてしまったり、未レビューのプルリクエストがわからなくなってしまったりすることに加え、そもそも依頼の作業自体も手間でした。

そこで、GitHubのSchedule reminderで通知を受け取る運用に変更しました。Schedule reminderは個人に紐づく機能なのですが、この設定自体をチーム内で統一する、という取り組みです。

2つの運用改善により、メンバー全員が自分がレビューアーに設定されたりGitHub内でメンションを付けられたりした際に、Slackで通知を受け取り即座に気づけるようになりました。また、未レビューのプルリクエストを定期的に確認できるようになり、レビュー作業に関するオーバーヘッドを削減できました。

プルリクエスト作成数の増加とリードタイムの減少

これらの活動を通じて、チームの開発生産性は大幅に改善していきました。

図5.3は開発生産性への取り組みを開始した2022年8月からのグラフですが、プルリクエスト作成数を指標に定めてからはグッとプルリクエスト作成数が増加している（図の棒グラフ）ことがわかります。具体的には、9月下旬頃はチーム全体での1日あたりのプルリクエスト作成数が3件だったものが、11月には約14件と4〜5倍に増加しています。

また、プルリクエストクローズまでの平均時間、プルリクエスト作成からレ

図5.3 Bチーム：取り組み開始前後4ヵ月のプルリクエスト作成数とリードタイムの推移

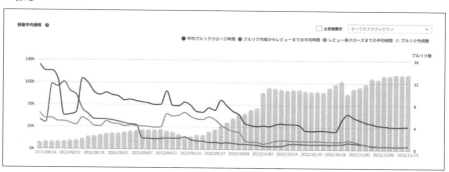

図5.4 Bチーム：取り組み開始前後約半年のデプロイ頻度と変更のリードタイムの推移

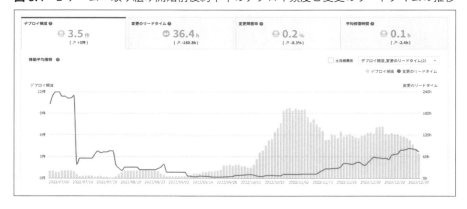

ビューまでの平均時間といったプルリクエストを処理するのにかかる時間（図の折れ線グラフ）も、右肩下がりに少なくなってきています。

　Four Keysにも大きな変化が見られました。デプロイ頻度は大幅に向上し、変更のリードタイムも減少していることがわかります（**図5.4**）。

　取り組み開始当初は「取り組みの結果、本当に開発生産性は良くなっているのか」とチーム内外から疑問視されていたBチームですが、「プルリクエスト作成数」をセンターピンとして取り組んだ結果、自信を持って「本当に開発生産性が良くなっている」と定量的にも示せるようになったのです。

開発生産性への取り組みの副次的な成果

社内外のコミュニケーションへの活用

　各チームによる開発生産性向上の取り組みの結果、BuySell Technologies社は、開発生産性が高い組織に授与される「Findy Team+ Award」を2年連続で受賞しました。

　冒頭にも述べたように、BuySell Technologies社は2021年4月の今村氏のCTO就任を機に、テクノロジー戦略の加速、テクノロジー領域への投資強化に舵を切っており、この方針のもとで決算説明資料といったIR資料にテクノロジーのパー

トを設けていました。「Findy Team+ Award」受賞を掲載することで、第三者視点で評価された「エンジニア組織の生産性の高さ」を明示できるようになったのです。

採用への好影響

　開発生産性向上に向けて取り組んだ成果は、取り組みを進めた各チームだけではなく、エンジニア採用にも現れました。

　エンジニアとして経験を積んできた方であればあるほど、組織が拡大する中でのさまざまな課題や開発生産性の低下に対する懸念を持たれるのではないでしょうか。

　BuySell Technologies社では、これまで見てきたように組織として開発生産性を大事にしており、改善活動にエンジニアが自ら取り組める環境があります。若手エンジニアでも定量的なデータをもとに議論を行う習慣が根付いています。

　もちろん、すべてのチームの開発生産性が高い状態になっているわけではありません。ただ、成果が出ていることも大事なのですが、Four Keysやプルリクエスト作成数を目標として置き、自分たち自身で開発生産性の改善に取り組めるということ自体が、候補者からも魅力的なポイントとして受け取られるようになったのです。

　また、開発生産性への取り組みについてイベント登壇やテックブログを通じて社外へアウトプットし続けたことで、「イベントでの発表を聞きました」「ブログ記事を見ました」といった候補者も増加してきました。

　BuySell Technologies社では、同社が取り組むリユース事業の社会的な意義、テクノロジー活用による影響度の大きさや可能性について、選考を通じて魅力を感じてもらえると考えています。しかし、最初から「リユース事業に関わりたい」という方は稀有です。そうではない人たちにもBuySell Technologies社を知ってもらう、興味を持ってもらうという意味で、開発生産性の取り組みが寄与したのです。

第 **6** 章

事例から学ぶ開発生産性向上の取り組み②
株式会社ツクルバ

本章では、「住まいの『もつ』を自由に。『かえる』を何度でも。」をビジョンに掲げ、中古・リノベーション住宅の流通プラットフォーム「cowcamo（カウカモ）」などを展開する株式会社ツクルバが取り組んだ、開発生産性向上のための活動について紹介します。

開発生産性への取り組みの背景

エンジニアリングを通して売上や利益を作る

　株式会社ツクルバ（以降、ツクルバ）が事業展開する住宅流通市場は、規制産業であることやバリューチェーンの複雑さから、業界的にDXがあまり進んでいない領域です。プロフェッショナルな仲介営業の存在が顧客の価値となるため、すべてをデジタルにして仕組みで勝てるというものではありません。

　このようなビジネスにおいて、デジタルを扱う側の人間がどういうスタンスでいるべきか。何かを検証する時、デジタルでしかできないトライアルかどうかを見極める必要があります。もっと簡単に有効性を検証する方法がないか、アナログの施策も含めて提案できないか。効果検証ができた後は一刻も早くテクノロジーに置き換える。このバランスが強い力となります。

　たとえばユーザー仮説検証の段階では、エンジニアが画面を作って顧客の反応を見るよりも、チラシを作って接客の現場で顧客の反応を確認するほうがはるかに早くコストを抑えてトライできます。

　エンジニアリングを通して売上や利益を作る、作り続けることを対象とした時に、価値探索とシステム化のサイクルをより早く、より確実な状態にすることが求められます。だからこそツクルバでは、「システム資産の生産性向上を通して、事業成長を実現させること」を開発組織としてのミッションとして掲げ、取り組みを始めました。

競争優位性をどのように証明するのか

　事業成長の実現においては、競争優位性の確立が重要です。開発組織がどう担うかについて、「生産量の向上に再現性をもった組織にすること自体が競争優位性である」とツクルバでは捉えていました。

　競争優位性の証明を念頭に置いた場合、一般指標を用いて「他の組織や業界平均と比べて数値が高いから、より良いパフォーマンスのチームである」というのが、わかりやすい競争優位性の証明の1つです。しかし、独自の計測手法を使っているとそれが難しくなります。

計測をベースに試行錯誤できる基盤があることで、どのプラクティスが自分たちの環境に合っているのか、良し悪しの判断が可能になります。マネジメントにおいて改善アクションを評価できれば、施策単位の有用性判断の精度が高まり、チームが理解して行えれば再現性が上がります。不確実な部分も多いですが、この再現性が得られれば、それはすなわち組織的な優位性になると考えられます。そこで、生産性の指標を計測できるようにすることが必要だと考え、一般化された管理指標をレポーティングできるFindy Team+の導入に至りました。

Findy Team+導入前の状況

Findy Team+の導入を決定する前、ツクルバでは主にデプロイの回数やプルリクエストの状況など、基本的な開発活動のふりかえりを行っていました。しかし、定性的なふりかえりに留まっており、全体的な生産性を評価するための定量的な指標や体系的な計測基盤は持っていませんでした。

Findy Team+の導入は、こうした状況を改善し、より効果的な生産性管理と改善策の実施を目指したものでした。

生産量の向上に高い再現性をもった組織の実現へ

計測後のアクションを含めたゴールとして設定したのは、「生産量の向上に高い再現性をもった組織を実現すること」です。数値の変化をポジティブケースとネガティブケースで考察し、生産量の向上に寄与する環境やチームの状態にどのような要素があるかを抽出できるように試行錯誤しました。

抽出したポジティブケースを広範囲で再現させるために、採用、チーム組成、アサイン変更、業務プロセス改善、システム資産改善などを技術組織としての予算化や年次計画に繋げます（**図6.1**）。

OKRやKPIとして設定されている指標では、**図6.2**のようなミッションツリーで、稼働人数と1人あたりのアクティビティを掛け合わせたシステム生産量をアウトプットとしてCTOが責任を持つ形としています。たとえばアクティビティ全体とその中でもとくにデリバリーへの影響度が強いマージ済みプルリクエスト数において、ポジティブケース施策適用の効果積算として「今期は〇％アップ」

図 6.1 年次計画の作成例（https://speakerdeck.com/nozayasu/cto-nokao-eshi?slide=15 をもとに作成）

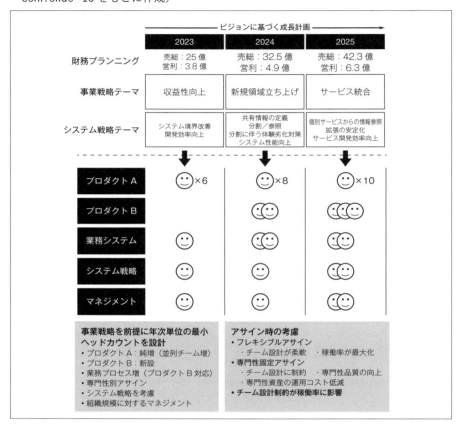

などの目標設定、進捗を経営チームに報告する運用を行っています。

　ツクルバでは、開発サイクルとしてリリースタイミングを固定化している領域もあるため、デプロイ頻度やリードタイムについてはチーム単位で柔軟に捉えています。アクティビティ側を上げることによる生産性向上と、採用計画を含めた稼働人数から、「年次の終わりにはこれくらいの生産力になっている」という目標を置き、それに向けた組織や生産力の拡大を進めています。

図 6.2　ミッションツリーの例

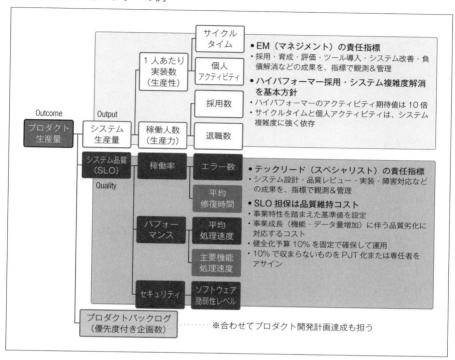

経営と開発を繋ぐ架け橋に

経営・開発組織の2つの領域で理解を得る

　実際にこの開発生産性指標をもとに、経営と開発組織、2つの領域について理解を得る必要がありました。

　経営領域に対しては、「この計測基盤があることで再現性を得られ、ミッションとして掲げている組織的な競争優位性を実現できる」というところで理解を得ていきました。一般化された管理指標がなぜ有用なのか、競争優位性の証明に観測基盤がいかに有用なのかといった部分です。観測基盤があれば、非技術領域の専門職や執行役員からも、CTOに対して「こういう指標を○％アップしてほしい」と言えるようになります。

ツクルバでは、エンジニア組織をできる限りブラックボックスにせず牽制関係を作ることの意味や、レポーティングになぜ意味があるのかといった部分を、競争優位性というゴールに繋げて説明することで承認を得ていきました。

　開発組織に対しては、「システム改善やアーキテクチャ変更をしたい時、どのようにして正当性を証明するかが難しいよね」という趣旨の対話を行い、「数値の変化をうまく見せることで、正当性をもってシステム戦略予算を獲得できる。そのために、皆さんの数字を見させてもらいたいし、組織全体での変化を説明可能にするために使わせてほしい」という話を取っ掛かりに理解を得られました。

　ツクルバでは、まずはCTOの責任指標として先行活用していくことを宣言し、エンジニアの全体定例ミーティングでの数値共有と、ポジティブケースやネガティブケースのふりかえりを始めました。そこでマネージャーが運用する際の疑似体験を通して、「たしかに、こういう説明をすれば予算が取りやすいのか」と納得してもらう。するとポジティブな反応が返ってくることが多かったので、そういった形で巻き込んで理解を得ていきました。

実際の事例紹介

　ツクルバで、経営領域に対して開発生産性の向上としてインパクトのある施策であることを伝えられた事例として、iOSのアーキテクチャ改善があります。この施策の実施後、ツクルバでは変更行数が大きく減りました。改修する範囲が明確になったり、これまで2つの技術が混在していたものが整理されたりしたことで、過去と比較しても大幅に改善されていることがわかります（**図6.3**）。

図 6.3　平均変更行数の推移

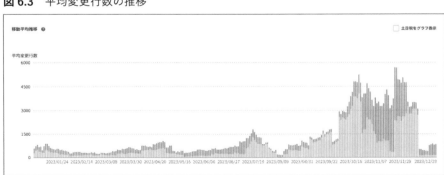

それに伴い、変更のリードタイムにも良い影響が見えてきていて、これがレビューする範囲が少なくなったことによるものなのかどうか、今ツクルバではふりかえりを進めています。

アーキテクチャの改修は、iOSエンジニア2名を3ヵ月ほど確保することになるため、予算上は数百万単位の規模になります。それによってアクティビティがどの程度変化し、生産性として返ってきているのかを説明できるようになったことが、良い事例だと考えられます。

育成の観点でも開発生産性の指標を活用

ツクルバでは、1on1ミーティングで相対比較のために使うなど、育成観点でも開発生産性の指標を活用しています。個人に対し短期的な変化を促すこともできますが、数字の浮き沈みが大きいため、指標の数字に振り回されてほしくはないそうです。そのため、興味があるメンバーには指標を見せていますが、最初から全員に公開はせず、「開発組織を改善する施策を行った上で、成果の観測と考察によって何が有効なのかを知る」部分に着目しています。

たとえばアサイン変更によって組織の生産性がどう変化するのか、どのようなチーム設計だと効果があるのか、iOSのアーキテクチャ改修をした前後で各種指標（変更行数、サイクルタイム、プルリクエスト数）にどのような変化があったのかなど、運用方針としてはこれらを見る目的が強いです。

メンバーの育成面では、過去の自分や高アウトプットのプレーヤーとの相対比較に活用しています。個人の行動量に変化が出ているかどうかの確認や、マネージャーが育成アプローチをする際に背中を押す材料として使用しています。

たとえば、「高アウトプットのプレーヤーはどのような行動をしていると思うか」といった質問を数字をもとに行うと、プルリクエストの粒度が違うといったことに気付きます。そこから派生してさまざまな数字を比較し、定性的な話だけでなく数字の変化や差分とセットで伝えることで、「自分の行動をどう変えるべきか」といった部分にも納得感を得られやすくなります。

個人のアクティビティは上がり続けるのではなく、一定の上限はあると考えられます。しかし、ベースとなるアウトプット感が揃えばチームのテンポは大きく変わり、全体のアクティビティが相乗効果的に上がっていきます。このベースラ

インを求めることは、ジュニアを含めた育成マネジメントの中では再現性がある施策だと考えられます。

逆に、高アウトプットのプレーヤーに対しては「一定以上の数値が出ていれば大丈夫」とした上で、たとえば「システム改善の施策をしてくれたことで、チームがどう変化したか」など、チーム単位でのフィードバックのために使います。

スクラムマスターであれば、組織施策を取り入れた時に、その前後で生産性がどう変化するかを見ています。たとえば、レトロスペクティブで改善アクションを取り入れようという話が出て実際に取り組みが増えた時に、その期間の指標を比較し、アウトプットに表れているのか、そこに現れていない数字に変化がないかなどを考察します。

このように指標の変化と、その時間軸で何の組織施策をしたか、スクラムのアクションを増やしたかなどをセットで話すことで組織の経験学習に役立てる。これも、再現性を得るために有用だと考えられます。

チームメンバーの意識や行動に変化

チームメンバーの意識や行動にも変化が現れました。アーキテクチャ改修プロジェクトをより推進したいと考えていたあるエンジニアは、そのアプローチの1つとしてSaaS導入を検討したいと考え、月額費用の妥当性をどう説明すべきか悩んでいました。そんな中、自分から「アクティビティの変化を根拠に、月額費用の費用対効果を説明すれば妥当性を理解しやすくなりますか?」とCTOに提案しました。数字の変化による概算の費用対効果がわかると、組織としての意思決定はスムーズになります。「ぜひやってください!」となったそうです。

SaaSを用いた生産性の改善は、エンジニア同士であればイメージしやすいですが、それを予算に変えて組織での承認を得ようとすると、説明の難しさが跳ね上がります。メンバーが組織としての費用対効果を意識して提案や申請を上げられるようになれば、改善プロジェクトはさらに進んでいくはずです。「組織を動かすために使う」という意識の変化は嬉しいところです。

事例から学ぶ開発生産性向上の取り組み③
クラスメソッド株式会社

本章では、クラスメソッド株式会社が、2023 年 7 月以降に取り組んだ開発生産性向上のための活動について紹介します。

開発生産性への取り組みの背景

　クラスメソッド株式会社（以降、クラスメソッド社）は、「すべての人々の創造活動に貢献し続ける」という企業理念のもと、AWSをはじめデータ分析、モバイル、IoT、AI／機械学習等の分野で企業向け技術支援を行っています。

　クラスメソッド社では、受託スタイルでの開発を推進しながら、パートナー企業と共に開発生産性の可視化に取り組んでいます。2023年7月から、開発生産性向上の取り組みの一環としてFindy Team+を導入しました。ここでは、実際にどのような指標に着目しPDCAを行っているかについて紹介します。

開発組織の紹介

　今回紹介するのはクラスメソッド社CX事業本部で、顧客のプロダクトに関わり、ビジネスの成功を支援する部門です。利用技術や言語については、顧客を含むチーム内で合意が得られれば比較的自由に選定できます[注7.1]。主な利用技術と言語は**表7.1**の通りです。

開発生産性への取り組みを始めた理由

　クラスメソッド社では、大きく以下の理由から開発生産性への取り組みを始めることを決めました。

スクラム開発の効果検証

　スクラム開発を通しての継続的改善が文化としてある中で、改善した結果、開発がどのように良くなったのかを簡単、かつ定量的に見られるようにする必要がありました。

注7.1　ローカル環境（PCのOSやエディタなど）は個人の自由であり、PC（Windows）にUbuntuをインストールして使っているメンバーもいます。

モチベーションの向上

改善の結果を簡単に見られるようになれば、改善へのモチベーションにも繋がると考えられます。

表 7.1 主な利用技術と開発言語（2024 年 4 月時点）

分類	利用技術／言語
フロント・モバイルアプリエンジニア	Web：TypeScript、React、LIFF、AWS Amplify
	iOS：Swift
	Android：Kotlin
	クロスプラットフォーム：Flutter
バックエンドエンジニア	言語：TypeScript、Python、Go、Java など
	IaC：AWS CDK、Terraform、CloudFormation
	AWS：Lambda、ECS、Fargate、Aurora、API Gateway、DynamoDB その他多数
その他	CI/CD：GitHub Actions、CodePipeline、GitLab Runner
	プロジェクト管理：GitHub Projects、Backlog、ZenHub
	コード管理：GitHub、GitLab

> **COLUMN** 「Findy Team+」を導入する上での期待
>
> 「Findy Team+」を導入して開発生産性を可視化する上では、以下の期待がありました。
>
> - プロジェクトごとのアラートに気づけ、クラスメソッド社全体でのアラートもキャッチできる
> - 開発生産性可視化に前向きな顧客のプロジェクトへの導入
> - 顧客に対し、ストーリーポイントだけでは伝えられない部分まで定量的に伝えられる
> - 内製化開発組織支援を行っている顧客との目線合わせ（スキルトランスファー目線での利用）

個人の行動変容

個々人の動き方がチームの数値にどう影響しているのかがわかることで、個人ベースでの行動変容にも繋がります。開発生産性を可視化することによって、他のメンバーからの指摘ではなく、自分自身で気づいて改善行動ができるようになるきっかけともなります。

開発生産性向上に向けた
クラスメソッド社の取り組み

開発組織における開発生産性の思想とは

開発生産性に関するカンファレンスなどでよく挙げられる指標ですが、広木大地氏による開発生産性の3つのレベル（第1章「1.2.3　開発生産性のレベル」を参照）をもとに、最終的に実現付加価値の生産性を上げることが顧客の満足度に繋がると考えられます[注7.2]。そのためにクラスメソッド社では、まずは取り組みやすいレベル1「仕事量の生産性」を上げようと考えています。

レベル1：仕事量の生産性
レベル2：期待付加価値の生産性
レベル3：実現付加価値の生産性

開発生産性に取り組む上での組織課題とは

クラスメソッド社では、社内の調査から「職場において、業務のナレッジやノウハウが汎用化・標準化されること」への評価が低く、また開発メンバー間でも、チームによって品質にばらつきがあるという問題がありました。こうした問題解決に向けたいくつかの取り組みがある中の1つとして、「組織的な活動をする上では、可視化できているほうがボトルネックがわかるので良いだろう」ということから取り組みが始まりました。

注7.2　開発生産性とひとくちに言っても、この3つのレベルを意識した上で議論することが重要です。

そして、実際に可視化して結果を調べる過程で、役割ごとにそれぞれ課題があることが見えてきました。それぞれの課題は**表7.2**の通りです。

こうした課題を解決すべく、アーキテクチャチーム（CX事業本部全体の生産性を向上させ顧客提供品質を上げるチーム）が主導してFindy Team+を導入しました。

開発生産性の可視化への取り組み内容

具体的には以下の施策を行いました。

- サイクルタイム／プルリクエスト作成数で目標を設定
- 定点で経過を観察

フロントエンドチームの導入施策

フロントエンドチームでは、プルリクエストのオープンからマージまでの平均時間を主軸にチェックしました。目標は35時間以内とし、この状態を維持することを目指しました。また、目標評価は月に一度、経過を観察することとしました。

こうした目標を設定した背景には、レビュースピードの向上への期待がありま

表7.2 役割ごとに抱える課題

役割	課題
CX部署全体／マネージャー	・組織の生産性の高さが定量的に不明確なため、パフォーマンスが高いチームの把握が困難 ・育成や評価軸での説得材料を定量的に把握することが困難（チーム状況が空気感でしかわからない）
マネージャー	・チーム開発でのボトルネックが空気感でしか判断できず、課題も対応方法も曖昧
開発メンバー	・チーム全体としてどれだけ顧客に貢献できたのかがわからない ・チームの成長が「なんとなく」の感覚だけで、しっかりと把握できない ・「レビューが遅いよね、大変だよね」といった課題感は持ちながらも、行動にまで至らない ・課題意識が定量的に見えないがゆえに、行動への意識が薄くなりがち

した。また、目標をシンプルにしたことで、全員でレビューをすぐに行うといった取り組みに集中できること、結果としてその他の開発生産性指標の改善へ貢献できることへの期待もありました。

結果として、プルリクエストのオープンからマージまでの平均時間を約半分まで減らせました（**図7.1**）。また、月一でサイクルタイム（第4章「4.4.2　②バリューストリーム指標」を参照）をチェックすることにより、チームの健全性を確認できるようになった点も大きな成果だと言えます。

バックエンドチームの導入施策

バックエンドチームでは、サイクルタイムの平均時間を48時間以内にすることと、プルリクエスト作成数を19件/スプリント（週）にすることを目標として設定しました。また、目標評価時期として、直近3週間の経過を観察することを決めました。

目標設定の背景として、サイクルタイムの平均値を減らすことが価値提供のスピードをもたらすこと、仕様理解の早さや手戻り時間の少なさを減らせること、レビュアーへの負担を小さくしてスピードを上げることへの期待がありました。

結果として、サイクルタイムの平均時間を約26%減少できました（**図7.2**）。

取り組みの成果を**表7.3**にまとめました。

図 7.1　フロントエンドチームの導入施策後の変化（オープンからマージまでの平均時間）

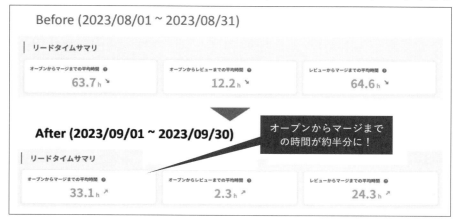

図 7.2 バックエンドチームの導入施策後の変化（サイクルタイム平均時間）

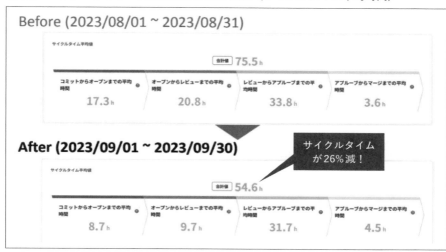

表 7.3 開発生産性向上の取り組みの成果

対象	効果
フロントエンドエンジニア	• オープンからマージまでの平均時間が約半分に減少（定量） • 月1回サイクルタイムを確認することで、チームの健全性を確認できる
バックエンドエンジニア	• サイクルタイム平均時間が約26%減少（定量）
サービスマネージャー	• 過去の定量データを用いて、PBIを適切な粒度にする議論をエンジニアとしやすくなった
共通	• スプリントの後半にレビューが溜まっている状態の改善

メンバーの意識改革に関する成果

　こうした施策を実施して自分たちのチームの現状を数値化することで、共通認識ができ、メンバーはスピード感を意識するようになりました。オープンされたプルリクエストをすぐにレビューしようという気持ちになっています。開発生産性が向上したことはもちろんですが、メンバーの意識改革に繋がったことが最も大きな価値となっています。

開発生産性についての今後の挑戦

　クラスメソッド社では、現在取り組んでいる開発チームで事例を作り、組織内に広げること、組織横断活動やマネジメントでの活用を模索しているとのことです。

　また、開発チームが生産性指標の目標を定める上で、指標のWhyを含めて考えるのは大変です。そこで横断組織的な取り組みとして、目標とWhy、それに至るためのノウハウのようなものを提供することを考えているとのことでした。

　最後に、本章の執筆にあたってご協力いただいたクラスメソッド社の御三方、ありがとうございました。

製造ビジネステクノロジー部/アーキテクトチーム マネージャー
佐藤智樹氏
CX事業本部/製造ビジネステクノロジー部 エンジニア
丸山大仁氏
経営企画グループ/広報室 マネージャー
土肥淳子氏

事例から学ぶ開発生産性向上の取り組み④
株式会社ワンキャリア

本章では、「人の数だけ、キャリアをつくる。」をミッションに掲げ、新卒採用メディア「ONE CAREER」や中途採用メディア「ONE CAREER PLUS」を中心に採用DX支援サービスを運営する株式会社ワンキャリアが、2021年以降に取り組んだ開発生産性向上のための活動について紹介します。

開発生産性への取り組みの背景

テクノロジーによる事業のスケールを目指す

　株式会社ワンキャリア（以降、ワンキャリア社）は、イベント運営を主軸として成長してきたこともあり、ビジネスサイドのけん引力で事業運営を進めてきました。その一方で、今後の成長のため、テクノロジーで事業をスケールさせられる状態へと移行する必要性を社員全員が感じていました。

　田中晋太朗氏がCTOに就任した2019年を機に、外注していたシステムの内製化を推進し、2021年秋ごろから開発生産性への取り組みを開始しています。

　本章では、開発組織の拡大フェーズで用いる開発生産性の指標の用い方、またその中でも昨今注目を浴びるSPACEフレームワークの活用方法に焦点を当てて話を進めます。

開発体制の内製化に伴うさまざまな課題

　就活サイト「ONE CAREER」(https://onecareer.jp/) は、2014年の公開時から徐々に規模を拡大し、2023年末時点で大学生の約3人に2人が利用するサービスとなりました。公開当初から現在のサービス規模に成長するまで、サービスの開発と運用をパートナー企業と進めていました。

　順調にビジネスがスケールする中、開発力も同時にスケールさせることを考えると外注を中心とした体制では難しく、2019年度に開発体制の内製化を進めていきました。

　着々と内製化が進む中、2021年から正社員エンジニアの数が増えていき、2021年1月時点では4人だったエンジニアが徐々に増え、人数は7人に。マネージャーを含め4人の体制であれば何かあってもサポートできていました。ところが、マネジメント対象が6人になってくると、マネージャー自身も業務がある中で、ドキュメントの残し方やレビュー方法などがルール化されていたものの、メンバーをサポートしきれない部分が出てくるようになりました。

　2021年2月には、開発プロジェクトが増えてきたり、進捗が伸びてきたりして、マネージャーが確認しきれないことが出てきました。たとえば、かなり細かいと

図 8.1 さまざまな要因からリードタイムが長くなっていた（2021年2月頃）

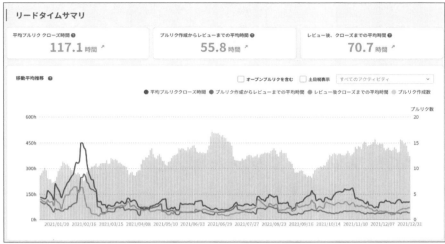

ころまでプルリクエストのレビューを行っていたものが、プルリクエストの作成数にレビュアーが追いつかないということが起きていたのです。

また、社内システムのリプレースもあって既存システムへの影響が大きく加わるため、リリーススケジュールのコントロールが必要でした。プルリクエストが溜まっていた時期だったこともあり、これらの要因が重なってリードタイムが長くなっていました（**図8.1**）。

開発生産性向上プロジェクトの開始

この時点で、後回しになっていたパフォーマンスのチェックの必要性を感じ、2021年秋のFindy Team+導入を機に、エンジニア組織の開発生産性向上プロジェクトが開始されました。

同年6月から7月末にかけて、リードタイムを抑えながらプルリクエストの作成数が最大化されました。中途採用メディア「ONE CAREER PLUS」のβ版リリース直前の時期にあたります。リリース前の追い込みで、バグフィックスのプルリクエストを大量に作っていくのですが、完全にゼロから作ったプロジェクトだったこともあってコードレビューは複雑なところがあまりなく、スムーズに進みました。

スムーズに進んだ背景としては、体制面では経験のあるエンジニアが途中でジョインしたことによってレビューの負担が分散し、加えて、チーム内での相互レビューも活性化したことで効率が上がりました。相互レビューについては、一部のチームでやっていたものを2021年後半にはルール化し、複数人で相互レビューすることを必須としました。

さらにその後、プルリクエストを出すと同時にSlackで通知することもルール化し、レビューまでの時間を抑えられるようになっていきました。

SPACE フレームワークを導入し
エンジニアを多角的に評価

SPACE フレームワーク導入の経緯

エンジニア組織の生産性向上プロジェクトにおいて着目したのが、SPACE フレームワーク（第4章「4.5　開発者体験と SPACE フレームワーク」を参照）です（**表8.1**）。

当時、開発プロセスを定量的に可視化することはできていましたが、レビューなどのアクションは評価していませんでした。そこで、エンジニアの生産性を定量的な評価だけではなく多角的に見ていくことで、適切な評価を探し出すために SPACE フレームワークを選択しました。

SPACE フレームワークで採用した指標

SPACE フレームワークでは、コストパフォーマンスが悪い「C（コミュニケーションとコラボレーション）」を除き、**表8.2**のように指標を設定しました。

定性的な項目は定期アンケートで把握

定性的な項目である「S（満足度と幸福度）」については、定期的なアンケートを実施して把握しました（**表8.3**）。メトリクスの集計方法と運用は、チームや仕事への満足度を点数形式で質問したり、回答者の詳細な意見を吸い上げたりしています。

アンケートは、Four Keys の指標や定量化では見えない定性的な課題を把握で

表8.1 SPACE フレームワーク（4 章の解説内容を整理して再掲）

項目	説明
S：Satisfaction and well-being（満足度と幸福度）	メンバーの仕事に対する満足度やモチベーションを評価する。やりがいを感じているか、ワークライフバランスが適切に保たれているか、メンタルヘルスをサポートする仕組みがあるか、多様性が尊重される環境かなど
P：Performance（パフォーマンス）	チームや個人のパフォーマンスを評価する。ソフトウェアの品質、速度、効率なども含む
A：Activity（活動）	開発者個人の日々の活動を可視化することで、チームの働き方や課題を把握する。コードの変更頻度、コードレビューの活発さ、技術的負債の蓄積状況、開発者の割り込み状況など
C：Communication and collaboration（コミュニケーションとコラボレーション）	メンバー間のコミュニケーションとコラボレーションの質を評価する。知識共有の活発さ、別チームとの（チーム間の）コラボレーション、コミュニケーションツールの活用度、心理的安全性など
E：Efficiency and flow（効率とフロー）	開発者がスムーズに作業を進められる環境が整っているか。開発環境のセットアップ時間、ビルド・テストの自動化率、割り込みの少ない集中時間の確保、ツールやプロセスのシームレスな統合など

表8.2 SPACE フレームワークの各項目に対する指標の設定

項目	設定した指標
S（満足度と幸福度）	「開発メンバー向けアンケート」の結果（チームリーダーのみ参照可能）
P（パフォーマンス）	マージ済みプルリクエスト数
A（活動）	レビューしたプルリクエスト数
C（コミュニケーションとコラボレーション）	なし（適した指標がなかったため）
E（効率とフロー）	プルリクエスト作成からレビューまでの平均時間

きることがメリットです。アンケートの質問に関しては、Four Keys で計測できないもの、たとえばドキュメントの充足度やチーム／会社への満足度などを中心に質問を設計しています。

　具体的には、仕事やチームへの満足度について月1回アンケートを実施し、点数形式による質問に加えて、自由記述による詳細な意見を吸い上げられるように

表 8.3 開発メンバー向けアンケートの実施例

アンケートの目的	仕事やチームへの満足度の計測
アンケートの頻度	月1回
質問の例	● このチームで良い仕事をするのに必要なリソースや情報を利用できていますか？ ● チームや、このチームでの自分の役割にやりがいを感じていますか？ など……

しています。とくに気をつけているポイントは、アンケート回答を継続的にして、本音をしゃべってもらうことを意識した運用です。コツとしては、マネージャー以外は回答を見られないようにすることで心理的安全性を高めることが大切です。

「S（満足度と幸福度）」を計測することで定性的な課題を把握できるようになりました。定性的な意見をマネージャーが把握でき、対策を打てるようになったことから、社員の満足度も上がりました。

定量的な項目はツールによって指標を可視化

定量的な項目である「P（パフォーマンス）」「A（活動）」「E（効率とフロー）」は、ツール（Findy Team+）で可視化を行いました（Findy Team+については、「Appendix 2　開発生産性向上に有用なツール紹介」を参照してください）。

リードタイムに対する意識の変化

図8.2は、取り組みを行っていた2021年1月〜12月の、アクティビティ量とリードタイムのグラフです。棒グラフはアクティビティ量を示しているため高いほど良く、折れ線グラフはリードタイムを示しているため低いほど良いことに注意してください。

2021年当初から年末にかけて、リードタイムがピークの2分の1ほどに改善していることがわかります。

開発生産性向上の取り組みを始めてから、各チームにリードタイムに関してはとくに意識するよう伝えていったことが要因でしょう。可視化されることで変化がわかりやすくなるため、周囲の意識も変わっていったのだと考えられます。

図 8.2 OC チームの Findy Team+ チームサマリーデータ（2021 年 1 月～ 12 月）

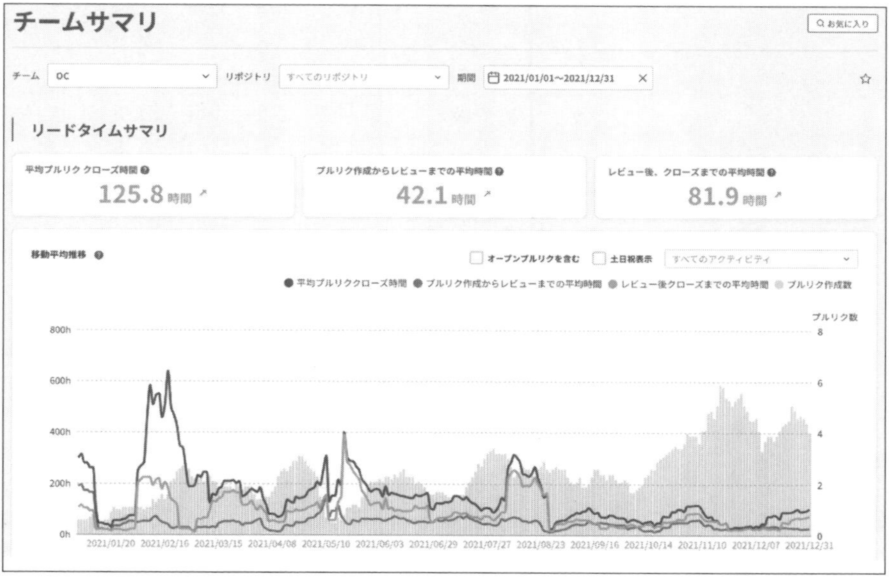

チーム間の比較データをもとに改善

　定量的な指標を可視化できるようになり、チームごとに各指標についてチェックし、改善ポイントをマネージャーがまとめるようになりました。

　たとえば**表8.4**では、OCチームのリードタイムが短いことに着目して具体的な実施事項を見つけ出し、他のチームにもフィードバックするなどを行っています。こうすることで、可視化した結果を開発組織全体の底上げのための情報として活用したり、ネガティブな要素も発見し改善に繋げたりできるようになりました。

　当初は定量的にチーム間の比較を行っていたのですが、たとえば技術的負債解消に取り組んでいるチームと新機能開発に取り組んでいるチームでは状況が大きく異なります。そこで、定量的な指標に関してはチーム間の比較ではなく、チーム内の成長プロセスを時間軸で確認するようになりました。

表8.4　2021年11月のチーム間比較データ（組織全体を1とした時の比で表現）

指標		組織全体	
大分類	小分類		Aチーム
アクティビティ量	プルリクエスト作成数	1倍	0.3倍
	参考：1人あたりプルリクエスト作成数	1倍	2.4倍
リードタイム	1プルリクエストあたりの平均クローズ時間（h）	1倍	0.7倍
	最初のコミットからプルリクエスト作成までの平均時間（h）	1倍	0.2倍
	プルリクエスト作成からレビューまでの平均時間（h）	1倍	0.8倍
リスク管理	セルフマージ率：レビューされずにマージされた割合（%）	1倍	0.1倍
コミュニケーション	プルリクエストあたりの平均コメント数	1倍	0.9倍

SPACEフレームワーク運用のポイント

　SPACEフレームワーク自体、各項目に対応する指標がとくに決まってないため、指標の選定は企業によって変わると考えられます。指標の選定に正解はないため、運用しながら探していく必要がある点は難しいと言えるでしょう。

　また、今のところワンキャリア社ではメンバーからのネガティブなフィードバックはありませんが、SPACEフレームワークを評価にも使っていることから、メンバー間の摩擦が起こることもあり得ます。メンバー全員で開発生産性やSPACEに対する理解を高める必要があるでしょう。

開発生産性をさらに向上させるための取り組み

　開発生産性が向上しているワンキャリア社ですが、さらなる開発生産性向上のため、2023年時点でとくに力を入れている内容を紹介します。

リリース頻度の向上

　これまでのリリース頻度は週1回であり、まるまる1週間分の開発資材が一気

チーム毎（一部）				データの傾向
Bチーム	OCチーム	Cチーム	Dチーム	
0.2倍	0.3倍	0.2倍	0.1倍	大きいほどプルリクエスト作成数が多い
1.8倍	2.1倍	1.1倍	2倍	大きいほど1人あたりマージ済みプルリクエスト数が多い
1.1倍	0.8倍	0.9倍	0.8倍	小さいほどリードタイムが短い
0.1倍	0.2倍	0.1倍	0.1倍	小さいほどリードタイムが短い
1.4倍	1.2倍	1倍	1倍	小さいほどリードタイムが短い
3倍	2倍	0.5倍	0.7倍	小さいほどセルフマージが少ない
0.8倍	1.1倍	2倍	0.9倍	小さいほどコミュニケーション量が少ない

に本番環境に反映されるという、いわゆるビッグバンリリースが行われている状態でした。そのため、障害復旧時間の遅れや、リリース手順の複雑化が発生していました。

　これらの問題を解決するために、毎日リリースする体制に順次移行しています。具体的には、1リリースの粒度が小さくなったことでリリース作業の複雑性が解消されました。他にも、プルリクエストがマージされるまでの時間も短くなるなど、開発フロー（開発〜リリース）全体に良い効果をもたらしています。

生産性に対するリテラシー向上

　SPACEフレームワークの導入により、これまで見えていなかった課題を抽出できたことで、現状は開発生産性プロジェクトのリーダーが各開発のチームリーダーを巻き込み、施策を実施しています。

　しかし今後開発チームが増えていけば、開発生産性プロジェクトのリーダーがすべてのチームを巻き込んでいく体制はすぐに限界を迎えてしまいます。

　これを打開するために、それぞれの開発チームが**自律的に生産性を改善できるような組織**にシフトしていく必要があります。ワンキャリア社では、その第一歩として「生産性に対するリテラシー向上」を考えており、有志による生産性に関する書籍の輪読会を開催するなどして、少しずつ文化を浸透させていく予定です。

　より早く作り、より早くデリバリーするという意識は、プロフェッショナルな

エンジニアとして持つべきものです。チームの全員がそうした意識をしっかりと持ち、ユーザーにより早く価値を届けられるようなチームを目指しています。

　ワンキャリア社では、ユーザーへの価値提供を最大化するために開発生産性を高める必要性に強く共感しているメンバーを求めています。そのためにも、現状を多角的に判断しながら、個人／チーム／組織に対して改善の提案をし、それを自ら実践できるエンジニアを求めています。

　また、マネージャー自身がより広く、深いコンテキストの理解へサポートを広げ、開発生産性やSPACEフレームワークの解像度を上げていくことで組織の生産性のリテラシーを上げ、開発者の体験向上にコミットしていきたいとのことです。

第 **9** 章

事例から学ぶ開発生産性向上の取り組み⑤
ファインディ株式会社

私たちファインディ株式会社では、今でこそ本番環境へのデプロイを1日に複数回実行でき、CIも5分程度で完了するようになりましたが、ここに至るまでに試行錯誤と失敗を数多く経験しました。本章では、こうした失敗も含めて、2020年から2022年にかけてファインディ株式会社が行った開発生産性向上のための施策について紹介します。

2020 年 7 月当時の状況

　最初に、2020 年 7 月時点でのファインディ株式会社（以降、ファインディと表記）の開発組織、システムの状況について説明します。

　当時のファインディは、バックエンドとフロントエンドのコードが同じリポジトリで管理されているモノレポ管理でした。加えて、バックエンドとフロントエンドのコードが同じサーバー上で動作するモノリス環境でもありました。

　モノレポ管理についてはとくに問題ではありませんが、モノリス環境であったことから、以下のような状況になっていました。

- バックエンドとフロントエンドのリリースを同時に行う必要がある
- API と画面の設計を密結合で考える文化

　その結果、プルリクエストの粒度が大きくなり、プルリクエストが 20 個ほど溜まっている状況が常態化していました。レビューの質も下がり、結果的に不具合が多発するという悪循環に陥っていました。

　さらに、テストコードがほとんど存在しておらず、安心して修正してデプロイすることができませんでした。利用しているライブラリ、パッケージのバージョンを上げることすら難しい状況でした。

　CI/CD についても、長いケースでは 30 分以上かかっていたものもあり、本番リリースを行うのは週に 1 回が精一杯だったのです。

　このような状況を踏まえ、ユーザーへの価値提供を高速かつ大量に行うことを目指すには、システムだけでなく開発のやり方や文化そのものを変える必要があると考えていました。

ファインディが取り組んだこと

テストコードを増やす取り組み

テストコードがないことによる悪循環

　当時のファインディのシステム全般に言えることですが、フロントエンドとバックエンド共にテストコードがほとんど存在していない状況でした。リリースは週に1回できれば良いほうであり、また、リリースできたとしても高い確率で障害が発生し、サービスが一定時間ダウンすることもしばしばでした。

　また、テストコードがなかったために、機能を追加した結果、意図しない不具合が発生しリリース直後に原因調査と改修作業を行うことが常態化していました。常にこうした作業に追われているという状態に陥っていたのです。

　まさに「テストを書かないから時間がない」を体現したような状況です。

共通処理から少しずつテストコードを増やす

　こうした状況から脱するために、まず、空いた時間を使って簡単な共通処理に対するテストコードを少しずつ増やしていくことから始めました。そして、その効果をメンバーや経営陣に体感してもらうことにも着手しました。

　テストを書くだけならば、一定期間で終わらせることは簡単です。しかし、重要なのはテストコードを充実させることではありません。テストの重要性を、経営陣を含め全社的に認知してもらい、会社の文化にすることです。

　ファインディでは開発生産性の数値をFindy Team+（「Appendix 2　開発生産性向上に有用なツール紹介」を参照）で計測しています。テストコードについての取り組みの結果、テストコードを書き始めたチームの開発生産性は他チームと比べて1人あたりで2倍以上、全体で4倍近く高い状態になっていたことが判明しました。定性的な感覚値だけでなく、定量的な数値も目に見えて変わっているということを会社全体に体感してもらえたのです。

　また、本番環境にデプロイされる前にCIが通らず事前に不具合を察知できるため、リリース後の障害や不具合も大幅に減りました。

Dependabot を導入する

テストコードが充実したことを機に、Dependabotの導入が実現しました。利用しているライブラリやパッケージのアップデートができておらず、セキュリティホールが残っている状況からようやく脱却できたのです。

ライブラリのアップデートによる不具合が発生しないことをテストコードが保証してくれるため、Dependabotがバージョンアップのプルリクエストを作ったとしても、「CIが通っているから即マージする」ことが可能になったのです。

つまり、テストコードを書くことによって、開発生産性、開発スピードを向上させるだけでなく、常にライブラリの最新バージョンを使うことが可能にもなったのです。結果として、セキュリティを守ることにも繋がりました。

開発生産性、開発スピードを求めるのであれば、まずはテストコードを書きましょう。

モノリス環境を解体する取り組み

バックエンドとフロントエンドのリポジトリを分ける

先ほども書いた通り、当時のファインディのシステムアーキテクチャは、バックエンドとフロントエンドが同じサーバー上で動いているモノリス環境となっていました。つまり、バックエンドとフロントエンドの本番リリースを同じタイミングで実行していました。

そのため、APIの修正と画面の修正を同じプルリクエストの中で開発し、一緒にリリースするという開発文化が根付いていました。そして、こうした開発文化の影響でプルリクエストの粒度が大きくなっており、これを要因とする問題が頻発していました。

- レビューが遅くなる
- 結果的にコンフリクトも多くなる
- 「コンフリクトの解消をお願いします」といった、マージ前の無駄なコミュニケーションが多発する

その結果、「レビューには時間がかかるもの」ということが開発チームにとってのエクスキューズとして働いてしまい、レビュー依頼がきてもレビューを後回しにすることが常態化していたのです。

こうした問題を解決するには、本来ならバックエンドとフロントエンドが動作する環境を分ける、つまりモノリス環境の解体だけで十分でした。しかし、上記のような現状を踏まえ、「開発組織の文化を根本から変える必要がある」と判断し、リポジトリそのものから両者を分ける決断をしました。

最速で変更する決断

しかし、この決断には非常に大きな変更が必要であり、サービスに与える影響も甚大です。改修を実施することを決定するのと同時に、サービスの致命的な不具合改修以外は3ヵ月ほど完全にストップするという決断も必要でした。

それでも決断できたのは、この改修を最速でやり切るためです。そして、決断できた要因の1つには、先に解説したテストコードの追加による恩恵が大きかったと考えています。テストコードの存在によって、改修による既存機能への影響がないことが保証されていたため、心理的安全性を確保しつつ改修を行えたのです。

また、テストコードの追加によって得られた恩恵について、経営陣を含め全社的に理解できていました。今回の改修によって仮に3ヵ月新機能開発をストップしたとしても、その期間以上のリターンをすぐに回収できることがわかっていたのです。

結果、モノリス環境の解体によって、前年比5倍程度の開発生産性の向上に成功しました。3ヵ月もの間、新機能開発をストップしましたが、単純計算ですが半月ほどでリソースを回収することにも成功したのです。

プロダクトのアーキテクチャは、そのプロダクトや会社のフェイズに合わせて適切にアップデートすべきです。そして、アップデートしやすくするため、アーキテクチャを疎結合にしておくことが1つのポイントになります。

開発スピードが目に見えて違ってきたことに加え、リリース頻度も従来の週1から1日数回まで増やすことに成功しました。仮に不具合が発生したとしても、発生から修正、本番デプロイまで30分以内に完了することが可能な状態にまでなりました。

タスクの分解

先述した通り、当時はプルリクエストの粒度が大きく、常に20個程度のプルリクエストが溜まっている状況でした。

前述したモノリス環境解体の取り組みにおいてフロントエンドとバックエンド

のリポジトリを分けたことにより、問題はある程度解消されましたが、プルリクエストの粒度が大きいという問題はまだ残っていました。

タスクを分解するメリットとは

　ここで活躍するのが**タスク分解**です。何かしらの開発タスクを振られた際に、いきなりコードを書くことに着手するのではなく、まずはそのタスクを細分化し、それぞれのタスクに対してプルリクエストを作成するようにしました。タスクを細分化せずに実装コードを書くことに着手すると、あれもこれもと芋づる式にやることが増えてしまい、結果的にプルリクエストの粒度が大きくなってしまうのです。

　タスク分解をすることで、以下のようなメリットが得られます。

- 工数見積もりの精度が上がる
- 対応方針の認識を他メンバーと合わせやすくなる
- 対応漏れに気づきやすくなり、手戻りの発生が少なくなる
- プルリクエストの粒度を適切に保てる
- 他メンバーへの引き継ぎをしやすくなる

　さらに、作成したタスクリストそのものを他メンバーからのレビューの対象とし、対応の方針と順番、かかる工数などの認識を合わせるようにしました。

タスクを洗い出す

　マークダウン記法のチェックボックスを使い、Issue にタスクリストを洗い出します。こうすることで、終わったタスクから順にチェックボックスにチェックを入れ、タスクを管理できます。

　最初に大枠のタスクを考え、そこから分解していくように意識してタスクリストを作成すると、結果的に詳細なタスクリストが完成しています。

　タスク分解の具体的な例を挙げてみます。何かしらのデータ一覧を返すREST APIを追加する場合、以下のようなタスクに分解できます。

```
• [　] API の仮実装を行う
    • [　] API のエンドポイントを決める
    • [　] API の response の形を決める
    • [　] モックデータを返す
• [　] データベースからデータを取得して返す
    • [　] 全件取得に対応する
    • [　] 検索条件に対応する
        • [　] id の完全一致
        • [　] name の部分一致
• [　] ソートに対応する
```

タスク分解のコツは2点あります。

1点目のコツは、**1回の修正で全機能を実現しようとしないこと**です。小さくコツコツと機能を上乗せしていき、最終的に完成形に近づけていく分解の仕方が良いでしょう。

完成したタスクリストを元にプルリクエストを作成していくことで、結果的にプルリクエストの粒度も適切なものになりました。プルリクエストの粒度が適切になれば、レビュワーの負担が下がり、レビューの質が上がります。結果的にコンフリクトが減り、マージされないプルリクエストが溜まらなくなり、開発スピードが上がるという好循環が生まれました。

2点目のコツは、**最初から完璧なタスクリストを作ろうとしないこと**です。タスクリストは進捗に合わせて修正していくものです。最初から完璧なタスクリストを作ろうとすると、タスクリストを作ること自体のハードルが高くなり、目的化してしまいがちです。

タスクリストの初稿は、パッと思いつく内容を殴り書きする程度で問題ありません。そこから開発に着手して進捗が進むにつれて、「このタスクは大きすぎるな」と感じたタイミングで、そのタスクをさらに細分化していくようにしましょう。

開発が完了した時点で、適切な粒度のタスクリストが完成しているはずです。それが未来の自分たちにとっての知見となります。開発作業と並行して適切なタスクリストを作り上げるようなイメージを持つと良いでしょう。

プルリクエストの粒度

粒度は大きすぎても小さすぎても問題が生じる

　ここまで何度も「プルリクエストの粒度」という説明をしました。これに対する説明をします。

　プルリクエストを小さくすることで開発生産性が改善することはすでに知られている事実ですが、小さすぎても問題が出ます。ではどうするのか？　という話になりがちですが、これはプルリクエストのサイズを気にしすぎていて粒度を考えていないために起こる問題です。

　「プルリクエストを小さくする」というのは、サイズを小さくするのではなく、粒度を適切にするということなのです。なぜ大きくなるのか、の原因は組織によって異なりますが、プルリクエストの粒度が大きすぎることは、システム開発において何のメリットも生み出しません。

　粒度が大きすぎることにより生じる問題は、次のようなものがあります。

- レビューに時間がかかり、レビュワーからしても認知負荷が高くなる
- どこをどうレビューすれば良いのかわかりづらく、レビューの質が下がり、結果的に不具合の発生率が高くなる
- プルリクエスト上でのコミュニケーションが必要以上に増えてしまう
- 不具合発生時の影響範囲が広くなり、原因の特定に時間がかかる　など

　一方で、粒度が小さくなりすぎると、次のような問題が生じます。

- レビュー依頼の数が多くなりすぎて、必要以上にレビューに使う時間が増えてしまう
- 不具合発生の原因は特定しやすいが、revertを行うプルリクエストが必要以上に増えてしまう　など

適切な粒度とは何か

　では、適切な粒度のプルリクエストとはどのようなものでしょうか？　答えは「1つのことだけに注力している」粒度になっているものです。

　具体的にいくつかの例を挙げましょう。

例１：特定の画面のデータ取得と描画を一緒に対応したプルリクエスト

- 粒度は適切か？
適切ではありません。

　データ取得と描画はまったく異なる処理であるため、最低でも２つのプルリクエストに分けるべきです。データ取得処理の中でも、APIを叩く処理と取得したデータを加工する処理は別なので、これらも分けるとなお良いでしょう。

例２：関数名を変更したので、その関数を利用している１万行のコードに対して
　　　一括置換だけを行ったプルリクエスト

- 粒度は適切か？
適切です。

　変更行数は１万行にもなりサイズは大きいのですが、特定の関数名を一括置換するという１つのことしかしていません。プルリクエストの粒度としては適切です。プルリクエストの概要欄に一括置換した旨を書いておけば、CIが通れば即マージしてOKです。

例３：ある画面の開発中に別の画面のリファクタリングを行った、変更行数が20
　　　行程度のプルリクエスト

- 粒度は適切か？
適切ではありません。

　変更行数は20行でありサイズは小さいかもしれませんが、「ある画面の開発」と「別の画面のリファクタリング」という２つのことを同時に行っているため、プルリクエストの粒度として不適切です。
　仮に、画面開発の部分で不具合が発生してrevertが必要になった場合、画面の開発部分だけでなく別の画面のリファクタリング部分も同時にrevertされてしまうのです。

適切な粒度を知るポイント

　1つのことだけに注力している粒度が適切だと前述しましたが、プルリクエストの存在意義が多岐にわたっていないかどうか？　を考えると良いです。とくに、次の2点を念頭に置いて粒度を考えることをお勧めします。

- 問題が発生した時のrevertの単位として適切か
- レビュワーのコンテキストスイッチは最小限に収まっているか

適切な通知の設定

　何かしらの異変、変化、依頼があった時に、そのタイミングでSlackに通知を飛ばすようにしました。

　まずエラー検知です。本番環境でエラーや障害、各種負荷の増加が発生した際に、SentryやDatadogを通じてSlackに通知を飛ばすようにしました。この仕組みを用意したことにより、不具合や障害に最初に気づくまでの時間が短縮され、結果的に修正コードを本番環境にデプロイするまでの時間も短縮されます。

　次に開発時の通知です。GitHubのWebhookを利用して、Issueが作られた時やコメントが追加された時に、Slackにメンション付きでリアルタイムで通知するようにしました。

　とくに効果が大きかったのは、プルリクエストのレビュー依頼をメンション付きで通知することです。この仕組みにより、ファーストレビューまでの時間が短縮され、結果的にプルリクエストがマージされるまでの時間も短縮されました。

　不具合や障害の発生、レビュー依頼やコメントなど、気がつかなければそこからの動きは何もありません。「気づかないこと」が致命的な要因となるのです。

　次のアクションの初動を早くするためにも、「異変・変化・依頼」と「通知」をセットで考えると良いでしょう。

CIの高速化

　ここまで見てきたように、テストコードを充実させ、モノリス環境を解体し、フロントエンドとバックエンドのリポジトリを分け、プルリクエストの粒度を適切にした結果、CIが実行される回数が大幅に増加しました。

　テストコードが増えるにつれてCIの実行時間も長くなっていき、最終的には

30分以上かかるようになってしまいました。

　そこで、CIの高速化に取り組むことになりました。ファインディではCIをすべてGitHub Actionsで統一しており、その機能を活かすことにしました。

パッケージのキャッシュ化

　最初に、必要なパッケージのインストールをキャッシュすることにしました。GitHub Actionsがワークフロー内でのnpmやgemのパッケージをキャッシュする処理を提供しているので、この機能を利用してパッケージのインストール時間を短縮できました。

テストコード実行の並列化

　次にテストコードの実行を並列化することにしました。やり方は非常に簡単で、GitHub Actionsのmatrixと呼ばれる機能を利用します。

　matrixにワークフローを分割したい数を指定します。そして、matrixの数値を受け取り、テスト対象のファイルをグループ分けするスクリプトを用意します。

　ワークフロー内でのテスト実行対象のファイルを指定できるようにしておき、そのファイルをグループ分けするスクリプトを実行することで、CIのワークフローを並列実行できます。ワークフローが複数個同時に実行され、それぞれで異なるテストファイルを実行できるようになりました。

　この仕組みのすばらしい点は、matrixの数値を調整することで、並列実行数を自由に調整可能であることです。matrixの指定値を調整するだけで同時実行されるワークフローの数を自由に調整できるため、仮にテストコードが増えたとしても、matrixの調整だけでCIの実行時間を一定に保てるのです。

　すべてのテストファイルを1つのワークフロー内で実行してしまうと、テストファイルの数に比例してCIの実行時間が長くなっていきます。しかし、グループ分けをしてワークフローを並列実行することで、CIのトータル実行時間はほとんど変わらず、CI完了までの時間を一定に保てるのです。

Runnerのスペック増強

　最後に、GitHub Actionsのワークフローが実行されるRunnerのスペックを上げることでさらなる高速化を実現しました。

　CPUのコア数やメモリを増やしたマシンを利用できるように設定し、テストコードの実行コマンドを見直すことで、同じワークフロー内でもテストコードを

並列実行できるようになります。つまり、ワークフローそのものと、ワークフロー内の両方の並列化を実現できるのです。これにより、最大で40個のテストファイルを並列実行しているリポジトリもあります。

　結果的に、最大で30分以上かかっていたCIが5分程度で完了するようになり、プルリクエストがマージされるまでの時間が短縮されました（**図9.1**、**図9.2**）。

まとめ

　私たちファインディが、開発生産性を向上させるために行った施策をまとめると以下のようになります。

- テストコードを充実させ、実装コードの変更に対する心理的なハードルを下げる
- 実装に着手する前にタスク分解を行い、適切なプルリクエストの粒度を維持し、CIを高速化する
- レビュー依頼や不具合の発生を検知し、通知を飛ばす

　いずれも、着手してすぐに結果が出るものではなく、日々の小さな積み重ねが結果的に大きな結果に繋がっていくのです。開発生産性は一日にして成らず、で

COLUMN　**GitHub Actions の課金額**

　同時実行されるワークフローの数が増えた場合、GitHub Actionsの課金額が増えてしまうという懸念があるかもしれません。ですが心配することはありません。GitHub Actionsの課金はワークフローの総実行時間に対してかかります。

　今回説明した仕組みでは、同時実行されるワークフローの数は増えますが、ワークフロー単体の実行時間は短縮されるため、結果的に総実行時間自体は思っているよりも増えません。本章の事例では、並列実行数を2倍に増やした結果、支払金額の増加は1.2倍程度でした。

図 9.1 CI 高速化の取り組み前の、プルリクエストマージまでの平均時間

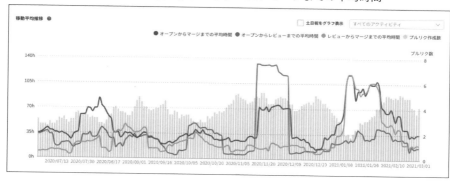

図 9.2 CI 高速化の取り組み後の、プルリクエストマージまでの平均時間

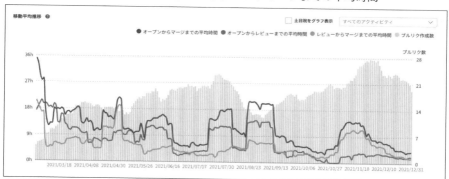

す。これらの施策をやり切って、Findy Team+ で数値を計測した結果、開発生産性は以前の7倍以上の数値となりました。

　また、副次的な効果としてエンジニア採用にも良い影響が出ました。2022年度のエンジニア採用が前年度の150%となったのです。これは、採用面接で我々の開発生産性に対する取り組みを説明することによって、ストレスなく開発業務に取り組める環境であることが伝わっているからだと考えています。

　また、社内の満足度アンケートの数値も以前より改善し、高い水準を維持できています。アンケートの結果からも、開発生産性が高い状態で技術的負債に向き合い続けることによって、エンジニアが楽しく働き続けられる環境を維持できるようになっているのだと考えています。

　我々の2年間の成果が、皆さんの開発生産性向上の参考になれば幸いです。

Appendix

1. LLM が開発生産性を再定義する
2. 開発生産性向上に有用なツール紹介
3. 開発生産性向上に関する海外事例

Appendix **1.** LLM が開発生産性を再定義する

ChatGPT などの大規模言語モデル（LLM）によって、これまでにない高度な言語理解と生成が可能になりました。LLM は、どのように開発生産性を向上させるのでしょうか。ここでは、大規模言語モデル（LLM）が開発生産性にもたらす変革について詳しく解説します。

A.1.1 LLM とは

　近年、自然言語処理の分野で大きな進歩が見られ、とくに2023年にはChatGPT-3.5やChatGPT-4などの**大規模言語モデル**（Large Language Models：**LLM**）によって、これまでにない高度な言語理解と生成が可能になりました。LLM は、大量のテキストデータを用いて学習された深層学習モデルであり、人間に近い自然な文章の生成や、複雑な質問に対する適切な応答が可能となっています。

　OpenAI 社が開発した ChatGPT、GitHub が提供する Copilot などの LLM を活用したツールは、ソフトウェア開発者の生産性を大幅に向上させる可能性を秘めています。コードの自動生成、バグの検出、ドキュメントの作成など、開発プロセスのさまざまな場面で活用されており、開発者の作業効率を飛躍的に高められるようになってきました。

ChatGPT とは

　ChatGPT は、OpenAI 社が2015年に発表した言語モデル GPT（Generative Pre-trained Transformer）シリーズの発展形の AI システムです。ユーザーが自然言語で入力した質問や要求に対して、人間のような自然な応答を生成できます。プログラミングに関する質問にも対応しており、コードの説明や修正案の提示も行えます。

　GPT は大量のテキストデータを用いて事前学習された言語モデルであり、GPT-1（2018年）、GPT-2（2019年）、GPT-3（2020年）、GPT-4（2023年）と

進化を重ねてきました。

GitHub Copilot とは

GitHub Copilot は、GitHub 社が保有する大量のオープンソースコードと、OpenAI 社の言語モデル GPT-3 を組み合わせることで実現された、AI を活用したコード自動補完ツールです。開発者がコードを入力すると、Copilot は機械学習モデルを使用して次に書くべきコードを予測し、提案します。開発者はコードを書く手間を大幅に削減でき、生産性の向上に繋がります。

GitHub Copilot は、2021年6月にベータ版が公開され、同年10月には一般提供が開始されました。リリース以降、多くの開発者に採用され、コード補完の精度や利便性の向上が図られています。

さまざまなプログラミング言語に対応しており、コードの文法や構文の理解も可能です。また、コードの説明やコメントも生成できるため、コードの可読性や保守性の向上にも貢献します。

A.1.2 LLM による開発生産性の向上

LLM を活用したツールは、開発プロセスのさまざまな場面で生産性の向上をもたらします。ここでは、具体的な事例を交えて、LLM がどのように開発生産性を高めるのか説明します。

アイデアの幅を広げる効果

LLM を活用することで、開発者は自分では思いつかないようなアイデア、アプローチを得られます。たとえばある機能の要件を ChatGPT に伝えると、複数

COLUMN **Copilot は補助ツールである**

GitHub Copilot は、開発者の生産性を向上させる強力なツールですが、最終的なコードを提出するのは利用者です。正確性の担保は開発者の責任で行う必要があります。Copilot は名前の通り副操縦士、つまり開発者の補助ツールです。提案されたコードをそのまま受け入れるのではなく、意思決定者である Copilot 利用者が良し悪しを判断し、必要に応じて修正しなければなりません。

の実装方法が提示されます。開発者はさまざまな選択肢を比較・検討し、最適な方法を選べます。

　ChatGPTやGitHub Copilotの登場により、インターネット検索の頻度がこれまでよりも少なくなってきました。具体的なソースコードに対して議論できるようになったことで、開発者が新技術を学ぶ際の障壁を下げ、より効率的に学習を進められるようになりました。

コーディング作業の効率化

　GitHub Copilotのようなコード自動補完ツールは、開発者が入力したコードの文脈を理解し、次に書くべきコードを提案します。これにより、開発者は手動でコードを書く手間を大幅に削減できます[注A.1]。また、コードの改善案を求めると、より簡潔で効率的なコードを提案してくれます。

　たとえば、ある関数を実装する際に、Copilotは関数の雛形やよく使われるパターンを提案します。開発者はその提案を参考にして必要な修正を加えるだけで済むため、コーディングの速度が向上し、生産性が高まります。

　また、ChatGPTに対して書いたコードの説明を求めると、コードの動作を自然言語で説明してくれます。開発者はコードの意図を明確に理解できますから、「なぜこのような実装になっているのか」を読み解く際の認知負荷は減少します。

　これまでもIDEには関数名や変数の入力補完機能がありましたが、コードの文脈を理解した上での自動生成は、これまでにないレベルの効率の良さと言えます。

テストケース作成の半自動化

　LLMによるテストケースの作成は、非常に有意義な使い方と言えます。テストケースの定義は開発者にとって重要な一方、時間と手間がかかる作業でした。LLMによって作業の効率化が可能です。

　たとえば、ChatGPTに実装した関数の仕様を伝えると、考えられる入力パターンとその期待される出力が提案されます。開発者は提案を参考にしながら、必要なテストケースを作成できます。また、コメントにどのようなテストケースを書きたいかを書いた上でテストケースを作成すると、状況にマッチするテストケー

注A.1　コーディングではありませんが、実際、私の執筆活動でもGitHub Copilotの提案も交えながら進めています。

スが提案されます。既存のテストケースの網羅性を評価する際にも利用できるでしょう。

テストケース作成の半自動化により、開発者が見落としがちなエッジケースなども対処できる可能性が高くなり、テストの品質は向上するでしょう。

コードレビューの高速化

LLMにより、レビュアーの負担を減らし、コードレビュープロセスを効率化・高速化できます。

既存のリンターは、決まったルールをもとに自動で指摘するものでした。LLMは既存のコードをもとにコードの意図を理解し、コードの動作や意図を自然言語で説明することが可能です。これにより、レビュー依頼者に対する示唆を与えるだけではなく、レビュアーが迅速にコードの理解を深められます。レビュアーは重要な問題に注力できるようになり、結果としてレビューの速度と質が向上します。

さらに、LLMを活用することでコードレビューのプロセス自体を自動化することも可能です。たとえば、コードの静的解析ツールと連携し、コーディング規約の遵守状況やセキュリティ上の問題を自動的にチェックできます。

その他の有用なケース

その他にも、ドキュメントの作成や更新をLLMに任せることで、ドキュメント作成の手間を削減できます。また、コードの最適化、パフォーマンスの改善なども半自動化できるでしょう。活用方法が広がっているLLMですが、今後、特化型のモデルや性能の良いモデルが登場することで、ここで紹介した以外のユースケースも増えていくでしょう。

A.1.3 LLMを活用した開発プロセスの変化

ソフトウェア開発のあらゆるフェーズでLLMを活用できるようになっていくでしょう。

要件定義フェーズ

LLMによりユーザーストーリーやユースケースの自動生成を行えます。自然言語で書かれた要件をLLMが分析し、曖昧な点や矛盾点を指摘することで、要

件の明確化を支援します。また、過去のプロジェクトの要件定義書をLLMに学習させることで、新しいプロジェクトの要件定義を効率的に行えるでしょう。GitHub Copilot Workspaceを利用し、タイトルなどの情報から要件を起こして必要に応じて開発者が修正を加えることで、要件定義の効率化が期待できます。

設計フェーズ

LLMによりアーキテクチャ設計案の自動生成を行えます。現状のプロジェクト状態を加味しながら、LLMがクラス図やシーケンス図などのUML図を自動生成します。設計ドキュメントの自動生成、既存の設計ドキュメントの整合性チェックにも活用できるはずです。

実装フェーズ

ここまでにも紹介した、コードやテストケースの自動生成ツールとしての活用が期待できます。これにより、開発者は複雑なロジックの構築や意思決定などに集中できるようになります。また、LLMを活用してコードの説明やコメントの自動生成を行うことで、可読性と保守性を向上させられます。

テストフェーズ

LLMを活用することで、テスト仕様書を自動生成できます。ユニットテストのケースをもとにテストを起こしたり、エッジケースや例外的なシナリオを提案したりすることで、テストカバレッジを向上させられます。テスト結果の分析をLLMが行い、問題点や改善案を提示することで、テストの効率化と品質向上を図ることもできます。セキュリティ的な観点での指摘や、テストの自動化にも活用できるでしょう。

デプロイ・運用フェーズ

LLMを活用してデプロイ手順書やオペレーションマニュアルの自動生成を行えます。ただし、LLMはあくまで補助するだけであり、実際の作業自動化は開発者が推進する必要があります。

運用中のログデータをLLMが分析し、異常検知や予兆検知を行うことで、システムの安定稼働にも貢献できるでしょう。ユーザーからのフィードバックをLLMが分析することで、自分だけでは思いつかない改善案を得られます[注A.2]。

◆　　◆　　◆

　これらの活用事例を参考にしながら、自社のプロジェクトに適した方法で
LLMを取り入れていきましょう。開発者には、効率よく業務をこなすために
LLMの力を活用しながら、自身の専門性を高めていくことが求められます。

𝐀.𝟏.𝟒　LLMの限界と人間の役割

　LLMは開発生産性の向上に大きく貢献しますが、まだまだ人間に取って代わ
ると言えるほど万能ではありません。LLMにも限界があり、開発者が担うべき
重要な役割があります。

意思決定における人間の重要性

　LLMにできなくて人間にできる大きなことは「意思決定」です。LLMは、さ
まざまな選択肢を提示し開発者の思考を補助しますが、最終的な意思決定は人間
の開発者が行う必要があります。LLMは、与えられた情報に基づいて機械的に
判断を下すことはできますが、ドメインにおけるあるべき姿を考慮したり、ユー
ザーの意図を十分に汲み取った判断をしたりすることは難しいです。

　LLMが提示する選択肢の中には、理論上は正しいが組織の状況に対して実装
コストが高すぎるもの、今まで培ってきたプロダクトのあり方や文化を十分に知
らないままプロダクトの価値を下げてしまうもの、利便性を損なうものなどが含
まれている可能性があります。

　開発者は、LLMの示した解決策やアイデアを適切に選択する必要があります。

要件定義におけるLLMの限界

　LLMは、要件に基づいてコードを生成することはできますが、要件定義自体
は人間の開発者が行う必要があります。現在のLLMには、ユーザーや社内のメ
ンバーとの対話を通じて自発的に要件を洗い出すことは難しいです。

　第4章でも書いたように、要件定義はソフトウェア開発プロセスの中でもとく
に重要な工程です。そのため、開発者はプロダクト開発関係者とのコミュニケー

注A.2　もちろん、改善案すべてが良いものとは限りません。最終的には、プロジェクトの状
　　態に合わせて自分で判断する必要があります。

ションを通じて要件を明確化し、ドキュメントにする必要があります。

　また、さまざまな要件の優先順位付けや、人員や環境に合わせてスコープの調整をするといった作業も、人間の開発者が主導して行うべきものです。LLMは、あくまでその判断を手助けするツールです。

アーキテクチャ設計における人間の役割

　アーキテクチャ設計は、ソフトウェアの品質や拡張性、保守性に大きな影響を与え、プロジェクト全体の工数がどれくらいかかるかも左右します。さまざまな視点に立って設計する必要がありますし、開発チームのスキルセット、組織の文化、メンバー数や期間など、多くの要素を考慮する必要もあります。

　LLMは、現時点ではこうした複雑な要素の優劣を決めて総合的に判断することが難しいため、アーキテクチャ設計は人間の開発者が主導して行うべきです。

オペレーションにおけるLLMの限界

　LLMが苦手なものの1つに、デプロイや運用監視などのオペレーションにおける「状況判断」があります。将来的にできるようになる可能性はありますが、現時点ではオペレーションは人間の開発者が担う必要があります。

　デプロイでは、本番環境の特性を考慮した入念なテストや、トラブル発生時の迅速な対応が求められます。現時点では、LLMはこうした複雑で状況依存的な判断を自動化することが難しいのです。

　たとえばデプロイ時にエラーが発生した場合、その原因を特定して適切な対処が求められます。LLMは、エラーメッセージからある程度の原因を推測できますが、実際の環境で発生したエラーの文脈を理解し、適切な対処を行えるまでには至っていません。

　運用監視においても同様で、監視データの分析には活用できると思われますが、実際のシステム環境の把握、ステークホルダーとのコミュニケーション、エスカレーション判断などは人間の運用担当者が行う必要があります。

　デプロイのように一見するとLLMにもできそうなタスクであっても、現実世界での状況をインプットできるようにLLMが進化する必要があります。それはまだまだ先の話になりそうです。

A.1.5 LLMがもたらす開発者の役割の変化

　LLMを日常的に活用することで、開発者の業務がどのように変化するのかを見ていきましょう。

いちからコードを書く仕事が減る

　LLMの活用が進めば、コードをいちから書く必要性は減っていくでしょう。GitHub Copilotのようなツールがコードの自動生成を支援し、1タスクあたりのコーディング時間は減ると予想されます。コードをたくさん書きたい開発者からすれば、これまでの何倍も自分の意図するコードが書けるようになっていくでしょう。

　開発者は、よりクリエイティブなタスクに時間を割けるようになります。たとえば新しいアルゴリズムの考案、企画、ユーザー体験の設計、アーキテクチャの改善などにより多くの時間を割けるでしょう。LLMの活用により、より要件定義寄りのタスクがメインの業務になったり、よりフルスタックに広い範囲で業務を進めたりできるようになるのではないでしょうか。

意思決定への注力

　先ほども述べたように、開発者は意思決定により多くの時間を割けるようになるはずです。LLMはさまざまな選択肢を提示してくれますが、最終的な判断は人間の開発者が下す必要があります。LLMを活用して意思決定に必要な情報を効率的に収集し、その情報をもとに的確な判断を行う業務が多くなるはずです。今後は意思決定力が高い開発者が増えるのではないでしょうか。

ロジカルライティング力の重要性

　LLMとうまく共存するには、LLMに的確に指示を与える必要が出てきます。的確な指示を与えるには、開発者自身が論理的に思考し、わかりやすく表現する能力が求められます。曖昧な指示ではLLMは期待通りの結果を生成できないため、開発者のドキュメンテーション能力や、ロジカルライティング力がより重要になってくるでしょう[注A.3]。

注A.3　ロジカルライティングは、LLM相手であっても人間相手であっても共通するスキルであり、どんな業務をする場合にも普遍的に変わらないスキルだと言えます。

また、ドキュメントの自動生成に LLM を活用した上で、最終的なドキュメントの構成や読み手に伝えるべき要点の整理・修正は、人間の開発者が行う必要があります。

コードの良し悪しを判断する力

開発者には、コードが要件を満たしているか、可読性や保守性に問題がないかなど、LLM が生成したコードの品質を見極める能力が必要です。意図する内容になっているか、コードの品質は高いか、コードの構造は適切かなどの判断が求められます。また、生成されたコードを改善し、最適化する能力も求められるでしょう。

以上のように、LLM は開発者の役割に大きな変化をもたらすことが予想されます。開発者には、LLM を効果的に活用しつつ、より高度な意思決定や論理的思考、品質管理を行うことが求められるようになるでしょう。LLM を味方につけながらこれらの能力を磨いていくことが、これからの開発者に求められる役割となるはずです。

A.1.6 LLM を活用するための組織的な取り組み

ここまでは開発者1人に焦点を当てた解説を行いましたが、LLM を活用し開発生産性を最大限に引き出すには組織的な取り組みも推進していく必要があります。

開発プロセスの再設計

LLM を活用するには、既存の開発プロセスを見直し、LLM の特性を踏まえたプロセスに変化させる必要があります。たとえば要件定義の段階で LLM を活用してユースケースを自動生成したり、コーディング時に LLM による自動補完を積極的に取り入れたりするなど、各フェーズで LLM を効果的に活用する方法を検討するのも良いでしょう。

また、コードレビューやテストケースの作成など、一部のタスクを自動化できるため、組織の開発プロセス全体を最適化し、効率的なワークフローへと変化を促せます。

しかし、チーム全体で合意を取らずに独裁的にプロセスを変えてしまうと、チー

ム内での反発が起こり、LLMの導入がうまくいかない、開発生産性に対する理解がなかなか得られないなどの問題が発生する可能性があります。

第3章などでも解説したように、開発生産性向上への理解をきちんとチームで行った上で取り組んでいく必要があります。注意しながら推進していきましょう。

開発チームの役割分担と協働方法の見直し

開発チームの役割分担や協働方法も見直すと良いでしょう。LLMの活用によりコーディングなどの作業が省力化される一方で、要件定義や設計、意思決定などの重要性が高まります。これらの変化に合わせてチームメンバーの役割を再定義し、適材適所の配置を行うことが求められます。

LLMを活用した開発では、**人間とAIの協働**が鍵となります。チームメンバー間のコミュニケーションだけでなく、LLMとのインタラクションをどのように行うかについてもルールを定め、円滑に進められる状況を作りましょう。

発生し得る問題として、コンテキストを理解しきれていないLLMの生成結果を優先し、生成されたコードを採用してしまうことが考えられます。時には、「LLMが生成したものなので」という理由で開発を進めてしまうことがあるかもしれません。こうした問題を発生させないためにも、LLMをどう取り扱うかをチームで考えていきましょう。

教育・トレーニング体制の整備

LLMを効果的に活用するには、開発者がLLMの特性を理解し、適切な指示を与えられるよう訓練が必要です。LLMに関する教育・トレーニング体制を整備しましょう。

たとえば、LLMの基本的な仕組みや活用方法、プロンプトの入力、LLMを使ったコーディング演習を行うことで、開発者の理解を深められます。お勧めの方法として、LLMへの指示とコピー＆ペーストのみでプロダクトを開発してみると、LLMに不慣れなメンバーに対しては効果的かもしれません。

活用状況のモニタリングと継続的な改善

LLMの活用状況を定期的にモニタリングし、課題や改善点を特定することも重要な取り組みです。たとえば、LLMの活用によるコード品質の変化、開発者の生産性への影響などを定量的に評価します。第9章のファインディの活用事例にもあるように、LLMの活用によってコード品質が向上し、開発者の生産性を

向上させられることがわかります。

　LLMはものすごいスピードで進化しているため、最新の動向を常にキャッチアップし、新しい活用方法を探索することも欠かせません。単なるツールの導入だけに留まらず、組織全体の開発文化やプロセスを変えることで、開発はより効率的に、そして開発者にとってもコーディングが楽しくなるでしょう。組織としてLLMの活用を推進し、LLMを十分に活かせる体制を整備していくことが、開発生産性の向上、そして開発組織全体のレベルアップに繋がるはずです。

A.1.7 LLM の活用事例

　LLMは、すでに多くの企業で開発生産性の向上に活用されています。

　開発生産性が大幅に向上したという報告も多数あります。たとえばある企業では、GitHub Copilotを導入することでコーディング速度が平均で35%向上したと報告しています。また、別の企業では、ChatGPTを活用することでバグ修正のためのコミュニケーションコストが50%削減されたと報告しています。

　ここでは、GitHub Copilotの活用事例をいくつか紹介します。

サイバーエージェント社での活用事例

「対象者は1,000名以上、サイバーエージェントが日本一GitHub Copilotを活用している理由」（CyberAgent Way）[注A.4] によると、株式会社サイバーエージェント（以降、サイバーエージェント社）は、2023年を「生成AI徹底活用元年」と位置付け、GitHub Copilotを全社的に導入しているようです。1,000名以上の技術者を対象に導入を進めた結果、約8割の技術者が開発業務でGitHub Copilotを活用しています。

　アーリーアダプターのエンジニアが中心となって、GitHub Copilotの活用方法に関する社内勉強会を開催したり、知見を社内報で共有したりすることで、利用者の拡大をしてきました。同社のアンケートによると、エンジニアの約半数がコーディング業務を1〜2割削減でき、約4割のエンジニアは2割以上の削減を実現しました。コーディング業務の効率化により、エンジニアはより創造的な業務に時間を割けるようになったようです。

　サイバーエージェント社では、今後もGitHub Copilotを活用し、コーディン

注A.4　https://www.cyberagent.co.jp/way/list/detail/id=29887

グだけでなくリリース作業、レビュー、運用面での効率化を進めていく方針です。1年後には20〜30%、3年後には50%の効率化を目指していくとのことです。

ZOZO社での活用事例

「GitHub Copilotの全社導入とその効果」（ZOZO TECH BLOG）[注A.5]によれば、株式会社ZOZO（以降、ZOZO社）ではGitHub Copilotを全社的に導入したようです。導入に際しては、セキュリティ上の懸念、ライセンス侵害のリスク、費用対効果などさまざまな課題を検討し、対策を講じたとのことです。

　まず、導入効果を測定するために試験導入を実施し、試験対象者に対してアンケートを行ったところ、78.9%がGitHub Copilotを使用することでより生産的になったと回答しました。また、58%が1日あたり30分以上の時間を節約できたと回答しています。さらに、アンケート結果をもとに費用対効果を見積もったところ、GitHub Copilotの導入により、1人あたり月4.4万円〜9.5万円のコスト削減効果があると試算されました。

　この結果を受け、ZOZO社ではGitHub Copilotの全社導入になったようです。

マネーフォワード社での活用事例

「開発生産性が上がるってわかったのでGitHub Copilot Businessを積極活用しています」（Money Forward Developers Blog）[注A.6]の記事は、株式会社マネーフォワード（以降、マネーフォワード社）がGitHub Copilot Businessを導入し、開発者の活動状況を分析した内容になっています。

　分析の結果、GitHub Copilot利用者は非利用者に比べて、プルリクエスト作成数が約12%多く、機能開発にかかる時間が約7時間短いことがわかりました。また、レビューに関する活動も活発化し、他者へのレビュー数が約17%、コメント数が約9.3%増加しました。

　Four Keysの指標では、デプロイ頻度に大きな変化はありませんでしたが、変更のリードタイムが約30%短縮されました。これは、GitHub Copilotの利用によって機能開発にかかる時間が短縮され、より短いサイクルで機能をリリースできるようになったためと考えられます。

　以上の結果から、マネーフォワード社では、GitHub Copilotの利用により少な

注A.5　https://techblog.zozo.com/entry/introducing_github_copilot
注A.6　https://moneyforward-dev.jp/entry/2024/04/17/130000

くとも約10%以上の開発生産性向上が見込めると結論付けました。一方で、プロダクトのワークフローやプロセスに関する指標は、大きく改善しないことも明らかになりました。

ファインディでの活用事例

　筆者が所属するファインディでもGitHub Copilot Enterpriseを導入しています。エンジニアに対するGitHub Copilotアカウント貸与率は90.2%に達しており、利用者の9割が日常的にGitHub Copilotを活用しています。

　GitHub Copilotを活用してコードを書くシーンでは、1人あたり160行の提案をCopilotから受けており、その提案のうち7%程度にあたる平均25行をエンジニアが受け入れてコードを書いています。つまり、1ヵ月に20営業日あると考えると、エンジニア1人あたり500行ほどはCopilotによって書かれたコードが含まれるようになります。

　ファインディにおける1プルリクエストの平均変更行数は250〜300行なので、GitHub Copilotを活用することで、エンジニア1人あたり1.6〜2.5プルリクエスト分に相当するコードを自動生成していることになります。

　ファインディでは2023年からGitHub Copilotを使用していますが、受諾行数をベースに見ても、確実にプルリクエストの底上げに繋がっていると言えます。GitHub Copilotの導入によってエンジニアはより多くのコードを生成でき、開発生産性の向上に直結しています。もちろん私も、コードを書く時の必須のツールとしてGitHub Copilotを利用しています。コードの書き始めは提案を受け入れにくいのですが、全体の半分以上を超えてきたタイミングでは、ほぼGitHub Copilotの提案を受け入れています。

　エンジニアの大多数がGitHub Copilotを日常的に使用し、提案されたコードを積極的に取り入れることで、開発速度の向上を実現できる状態になりました。

　個人がGitHub Copilotを購入するハードルは高いですが、日本円にして3,000円ほどのコストで、各メンバーが1ヵ月で500行のコードを追加で生み出せると考えれば、とても安い投資ではないでしょうか。まだまだ活用しきれていないため、今後さらなる開発生産性の向上も期待できると考えています。

開発者の満足度の向上

　LLMの活用は、開発者の満足度の向上にも寄与しています。ある調査では、GitHub Copilotを使用している開発者の80%が、Copilotによって開発がより楽

しくなったと回答しています。

　LLMは開発者の創造性を刺激し、学習意欲を高めることにも貢献します。ChatGPTを活用して新しい技術を学ぶ開発者も多く、LLMとの対話を通じて技術的な理解を深められます。

　また、LLMの活用によって単純作業から解放されるため、より挑戦的でやりがいのある仕事に取り組めます。これは、開発者のモチベーションの向上に繋がり、結果として開発チームのパフォーマンス向上にも寄与すると考えられます。

　先進的な企業では、LLMを活用した開発はもはや当たり前になっています。いかに組織全体でLLMを活用していくかが、今後の開発チーム全体の技術力を左右する要因となるでしょう。

A.1.8　LLMの今後の発展

　本書を執筆している間もLLMは進化し続けています。LLMは、今後どのようになっていくのでしょうか。

技術的な進歩の予測

　LLMの技術は、さらなる大規模化とタスク特化の方向に進んでいくと予想されます。モデルの大規模化により、より多様で複雑なタスクに対応できるようになるでしょう。また、特定のタスクに特化したLLMの開発が進み、より高度な自動化が実現されると考えられます。

　たとえばコードの自動生成では、単なるコード補完だけでなく、アルゴリズムの設計やアーキテクチャの提案なども可能になるかもしれません。また、自然言語処理の分野では、要件定義の自動化、ドキュメントの完全自動生成などが実現する可能性があります。

開発者に求められる役割の変化

　LLMの技術の進歩に伴い、開発者の役割はさらに変化していくと予想されます。

　開発者は、ビジネス要件の理解とそれを技術的に実現するための戦略立案により多くの時間を割くようになるかもしれません。また、LLMを活用した新たな開発手法の考案、LLMとの協働を前提としたチーム体制の構築など、より高度な技術マネジメントが求められる可能性があります。自分の専門領域の外に出て

知識を吸収する必要も出てくるでしょう。

　LLMの技術は今後さらに発展し、開発者の役割や開発手法にも大きな変化が生まれてくると考えられます。新しい時代の開発スタイルを模索していくことが、これからの開発者に求められる重要なタスクになるはずです。

新しい技術への適応力

　LLMを始めとする新しい技術が次々と登場する中で、開発者には新しい技術への適応力が求められます。LLMの活用方法を学び、自身の開発スタイルに取り入れていく柔軟性が重要になるでしょう。

　常に最新の動向をキャッチアップし、新しい可能性を探っていく姿勢も求められます。今までと異なるのは、LLMによって新しい情報をキャッチアップしたり学んだりすることが容易になる点です。自分がわかっていないことをとことん調べられる環境になってきたため、学習意欲の高い方であれば、LLMを使いこなして生産性の高い状態で学べるはずです。

ドメイン知識の重要性

　開発者にとっては、ドメイン知識の重要性がさらに高まるでしょう。エンジニアリングだけできれば良いという時代は終わりつつあり、サービスの状況や事業環境などを理解していないと開発者としての価値が下がってしまう可能性があります。

　たとえば金融システムの開発では、金融ドメインに関する知識が求められます。LLMを活用してコードを生成する際にも、金融ドメインの用語や業務ロジックを理解していなければ適切な判断が難しい瞬間が出てきます。

　開発者は、自身が携わるドメインに関する知識を深め、技術力を高めながらドメインエキスパートとしての能力を磨いていく必要があります。ドメイン知識と技術的スキルを併せ持つ開発者は、LLMを最大限に活用し、市場が求めるソフトウェアを開発できるはずです。

マネジメントスキルの必要性

　LLMの活用が進む現在も、マネジメントの重要性は高まる一方です。LLMを活用した開発プロセスでは人間とAIの協働が鍵となり、開発チームを効果的にマネジメントする能力が求められます。

　うまく仕事は進められているのか、困りごとはないか、あるとしたらどんなこ

とで悩んでいるのか、リーダーは何をサポートするべきか。こうしたことを把握し、適切なサポートを提供することが開発チームの生産性向上に繋がります。

専門性の深化

　開発者には、特定の分野における専門性の深化が求められるでしょう。LLMは多様なタスクを自動化できますが、高度に専門的な領域では専門家の知見が必要不可欠です。高度な専門知識は人間の専門家しか持ち合わせておらず、LLMには判断が難しい事例が出てくるかもしれません。

　このように、LLMの登場と今後の進化により、開発者に求められるスキルセットは大きく変化していきます。これらのスキルを磨き、LLMを効果的に活用することが、これからの開発者の重要な課題になると言えます。

A.1.9　LLMがもたらすソフトウェア開発の未来

　AIと人間の協働が進むことで、ソフトウェア開発のプロセスは大きく変化していくと考えられます。前述してきたように、LLMを活用することで開発者はより創造的で高度なタスクに集中でき、1人あたりのソフトウェア開発の速度と品質が飛躍的に向上していくでしょう。結果として、チーム全体のソフトウェア開発のレベルが何重にも上がっていくと考えられます。

　今後のLLMの発展は、開発者のキャリアパスや働き方にも大きな影響を与えるでしょう。高度な問題解決能力やドメイン知識、コミュニケーション能力などがより重要になり、LLMを効果的に活用するためのスキルを身につけることがキャリアアップに不可欠になるかもしれません。開発者の役割は、コードを書くことから、より要求定義・要件定義を行い難易度の高い課題に取り組むことへとシフトしていくと考えられます。

　ソフトウェア開発の自動化が進むことで、サービスの提供にも大きな影響があります。LLMの活用によって開発のハードルが下がることで、より多くの人々がソフトウェア開発に参加できるようになります。結果として、専門職としてのエンジニア職に加え、エンジニアリングがメイン業務ではない人もエンジニアリングに参加できる未来が来るかもしれません。

　LLMを活用した新たなソフトウェア開発の可能性は無限大です。たとえば、

自然言語で書かれた要件からソフトウェアを自動生成することも夢ではないかもしれません。また、LLMがソフトウェア設計や開発者同士のコミュニケーションを支援することも考えられます。

　ただし、こうした未来においても人と人のコミュニケーションはなくなりませんし、人が意思決定をしてプロダクトを作り上げることもなくならないでしょう。LLMに指示を出すためには、結局はベースとなる知識やロジカルシンキング、言語化能力が求められます。LLMがソフトウェア開発に与える影響は大きいですが、それを活用するには人間の能力が求められることも忘れてはいけません。

A.1.10　まとめ

　このセクションでは、LLMが開発生産性に与える影響について詳しく解説しました。LLMが開発生産性の向上や開発プロセス全体の効率化に大きく貢献できることがおわかりいただけたと思います。

　しかし、LLMにも限界はあります。たとえば意思決定や要件定義、アーキテクチャ設計など、高度な判断が求められる領域では、人間の開発者の役割が重要になります。LLMを活用しつつもその限界を理解し、適切な役割分担が求められます。

　LLMの可能性を最大限に引き出し、開発生産性を高め、より高度で創造的なソフトウェア開発を実現するには、開発者と企業が協力して取り組んでいく必要があります。これからのソフトウェア開発に求められる重要な課題だと言えるでしょう。

Appendix 2. 開発生産性向上に有用なツール紹介

開発生産性の可視化に取り組む際には、さまざまなサービスや管理ツールなどと連携して情報を統合できるツールを利用すると良いでしょう。ここでは、ファインディが提供するサービス「Findy Team+」について紹介します。

A.2.1 Findy Team+とは

ファインディでは、開発生産性を向上させるためのさまざまなサービスを提供しています。この章ではその中の1つである「Findy Team+」というサービスを紹介します。

Findy Team+は2021年にリリースされたサービスで、GitHub/GitLab/Bitbucketなどのリポジトリ、Jira/Backlogなどのイシュー管理ツールと連携し、それらの情報を統合的に可視化できます（**図A.1**）。Findy Team+を使うことで、

図 A.1　Findy Team+（https://findy-team.io）

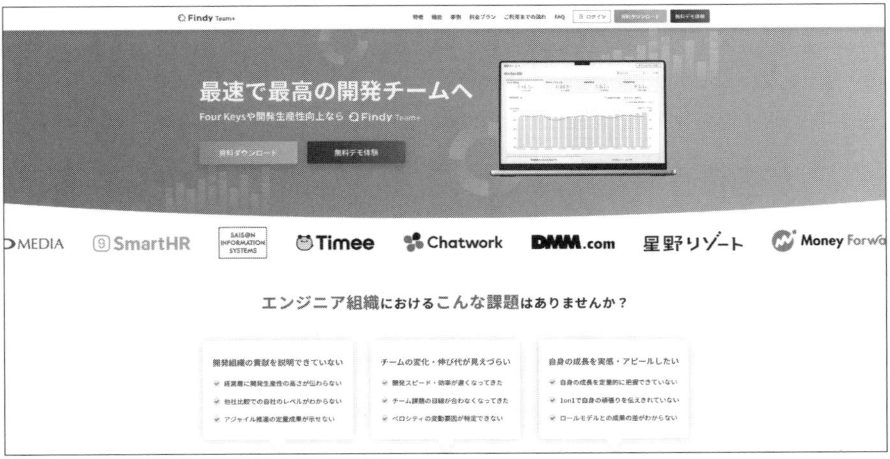

開発プロセスの可視化やDevOps指標の確認ができます。

Findy Team+ が生まれた背景

　ファインディでは、創業事業として「Findy」というエンジニア向け転職サービスを2017年から提供しています。営業やカスタマーサクセスをしている際に現場の生の声を聞くことが多く、顧客企業のCTOやVPoE/EM、あるいはDX担当の方から以下のようなコメントをもらいました。

- 配下のメンバーが正社員エンジニアで10人、業務委託も含めると15人いて、毎日1on1ミーティングをしていると1週間が終わってしまう
- エンジニア組織や開発基盤への投資がビジネスサイドの経営陣になかなか理解されない。納期の短い機能開発が中心で現場が疲弊している
- CTOの仕事が評価や採用、マネジメントばかりになってきており、プロダクトに対する時間がまったく確保できない

　こうした課題を解消できないかと検討を始めたのがきっかけです。検討は2019年から開始し、α版の開発をスタートしました。2020年前半には、α版を一部企業に提供しています。

　開発当初のコンセプトは「エンジニアリングマネージャーの負担をいかに減らせるか」でした。コロナ禍以降、リモートワークが進む中で、エンジニアリングマネージャーになりたい人が減少傾向にあります。リモートの良い面はもちろんありますが、対面環境でのマネジメントと比較するとオンラインのマネジメントは総じて難易度が上がるようです。結果的に、エンジニアリングマネージャーになりたい人がどんどん減少しています[注A.7]。

　この傾向に歯止めをかけなければ、エンジニアリングマネージャーになりたい人を増やし、テクノロジーを活用して日本発のイノベーションを増やしていきたいというファインディの想いを達成することは難しいと強く感じました。

パフォーマンスの可視化における課題

　この4年間Findy Team+を開発する中で、さまざまなエンジニアの皆さんと話

注A.7　https://assets.st-note.com/img/1667716390913-l9bsjw2ulZ.png?width=2000&height=2000&fit=bounds&quality=85

をしていると、多くの人が自組織におけるパフォーマンスを可視化しようと試みていることがわかりました。API連携により情報を取得しデータを可視化する。全体像をざっくり知る上では良い方法です。

しかし、自作する場合は以下の課題が生じます。

- 効率化したいにも関わらず自分のやることが増えてしまう
- データ取得後にもデータの加工工数がかかる
- データの可視化時にデータを読み取る必要がある

たとえば、GitHubのAPIを使ってリポジトリの情報を取得することは簡単ですが、以下のような条件で見たい場合はどうでしょうか。

- 2023年7月〜9月末までのデータ
- 複数リポジトリの情報をまとめたい
- リポジトリごとにリリースのルールが異なるが、一意に把握したい
- 週3稼働のエンジニアはいったん除きたい
- 特定のラベルを持つプルリクエストのみ対象にしたい
- 土日は除きたい

こういった複雑な条件でデータを抽出しようとすると、複雑なデータベースを設計し、複雑なSQLを発行しなければなりません。一定レベルの内製化を行うと結局は手間が生じるのが現実です。Findy Team+を活用することで、こうした手間や工数を削減し、簡単にデータを可視化できます。

メンバーの監視サービスではない

Findy Team+の目的は、チームの開発プロセスを可視化し、開発生産性向上のためのデータを提供することです。個人の働き方を監視したり、数値だけを見て評価したりすることが目的ではありません。

Findy Team+で得られた客観的なデータをもとに、チームや個人の状況を理解し、改善に繋げるためのコミュニケーションツールとして活用することを想定しています。

- 1on1ミーティングなどで、数値を見ながらメンバーの課題を共有し、解決策

を一緒に考えたり、目標を設定したりする
- スクラムのレトロスペクティブやふりかえりの場で、チーム全体のパフォーマンスを見直し、改善のアクションに繋げる
- 組織の開発プロセス全体を見渡し、ボトルネックを特定して最適化を図る

　大切なのは、データを見るだけでなく、メンバー一人ひとりが自律的にチームを改善するためのアクションを行うことです。Findy Team+はそのための気づきを与え、建設的な議論を後押しし、健全なエンジニア組織づくりの支援をするためのツールだと考えています。

A.2.2　Findy Team+でできること

　Findy Team+では、以下のような内容を確認できます。

- チームサマリでチーム全体の傾向を知る
- リードタイムを確認する
- レビューの状態を確認する
- Four Keysを可視化する
- 過去の状況と比較する
- メンバーの状態を確認する
- ふりかえりを行う
- Jiraの分析を行う
- 会議の状況を把握する

チームサマリでチーム全体の傾向を知る

　チームサマリでは、プルリクエストの数、プルリクエストオープンからマージまでの時間の推移や、GitHub/GitLabなどで活動的に動いているメンバー数の把握や1人あたりどれくらいのプルリクエストを出しているかなどを確認できます（**図A.2**）。

　これらの情報をもとに、チーム全体の開発アクティビティの傾向を把握できます。たとえば以下のようなことがわかります。

- 開発の繁忙期や閑散期の原因、タイミング

図 A.2 チームサマリ機能

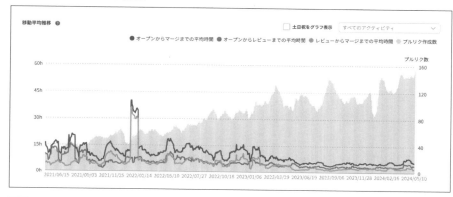

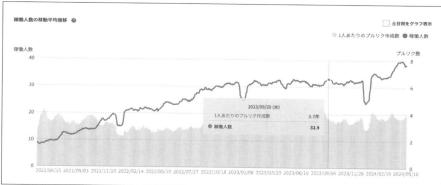

- メンバー間の作業量のバランス
- プルリクエストのサイズや滞留時間の傾向

　全体像を定量的に掴むことで、業務量が特定の人に偏っていないか、プルリクエストが大きくなりすぎていないか、レビューが滞っていないかといった点を確認できます。

　これらの数値は、あくまでコミュニケーションや改善の出発点として活用しましょう。実際の開発の様子やメンバーの声もよく聞き、データと照らし合わせます。

リードタイムを確認する

サイクルタイム分析機能では、コミットしてからプルリクエストを作成するまでの時間、プルリクエストのオープンからレビュー完了までの時間、レビュー完了からマージまでの時間など、開発プロセスの各フェーズにかかる時間を確認できます（**図A.3**）。

全体のリードタイムを把握し、継続的に短縮していくことを考えられます。各フェーズの所要時間からボトルネックを特定できます。また、特定の期間や施策前後でリードタイムを比較し、改善効果を測定することも可能です。指標の意味や改善策などについては第4章で詳しく解説していますので、そちらをご確認ください。本機能でリードタイムの詳細を確認すれば、改善の糸口が見えてきます。

とはいえ、あまりに細かく詰めすぎるのは逆効果であり、糸口を見つけるところまでが望ましいでしょう。あくまでチーム開発が円滑に進むための、適切なリズムを探るためのツールと捉えます。コードの品質を下げてまでスピードを上げるなど、開発者のストレスを高めてしまうような極端な短縮は本末転倒です。プロセス改善とモチベーション維持を両立させましょう。

レビューの状態を確認する

レビュー分析機能では、プルリクエストのサイズ、レビューに費やされた時間、

図A.3 サイクルタイム分析機能

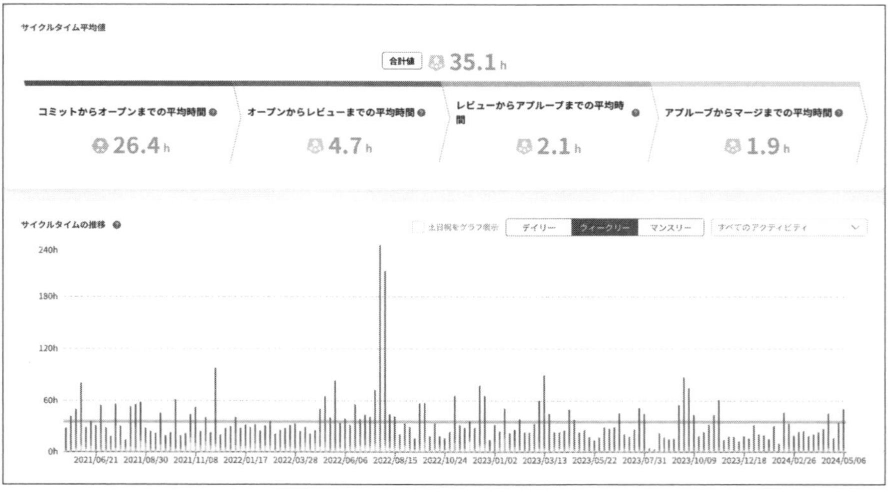

レビューのカバレッジなど、レビューの効率性や健全性を見られます（**図A.4**、
図A.5、**図A.6**）。

- プルリクエストのサイズが適切か（大きすぎないか）
- レビューに十分な時間が割かれているか
- 特定の人にレビュー負荷が集中していないか
- レビューが形骸化していないか（適切なコメントがあるか）

図 A.4 サイクルタイム分析機能（移動平均推移）

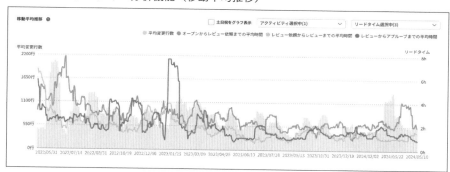

図 A.5 レビュー分析機能（レビュー相関図）

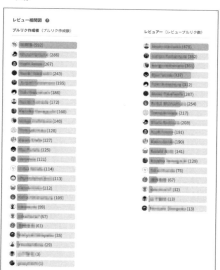

図 A.6 レビュー分析機能（レビューリードタイム）

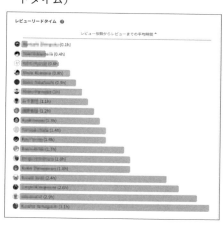

レビューは、コードの品質を維持し、ノウハウを共有する上でどの企業でも大事にする工程ですが、形式的になりすぎたり、逆に負担が大きくなりすぎたりすると、開発のボトルネックになりかねません。本機能を活用すれば、より良いコードレビュー文化を育んでいけるでしょう。

Four Keysを可視化する

DevOps分析機能では、Four Keysの4つの指標であるデプロイ頻度、変更のリードタイム、変更障害率（変更失敗率）、平均修復時間を可視化できます（**図A.7**）[注A.8]。

Four Keysの可視化は、自社のDevOpsへの取り組み状況を客観視する良い機会になります。DevOpsの成熟度を相対的に評価することで、自社の強みと弱みを明らかにできます。ただし、Four Keysはあくまで1つの物差しにすぎません。自社のゴールに合わせ、追うべき指標を柔軟にカスタマイズしましょう。

過去の状況と比較する

詳細比較機能を使えば、任意の2つの期間や組織を比較できます（**図A.8**）。

- 施策前後での変化を見る（例：開発プロセス改善の効果測定）
- チーム間の特性の違いを把握する（例：優れたチームの状況を知り、目標とする）

図 A.7 DevOps 分析機能

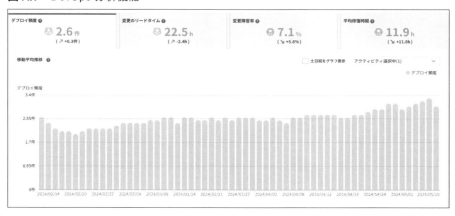

注A.8　Four Keysについては第4章「4.2　Four Keys」を参照してください。

図 A.8　詳細比較機能

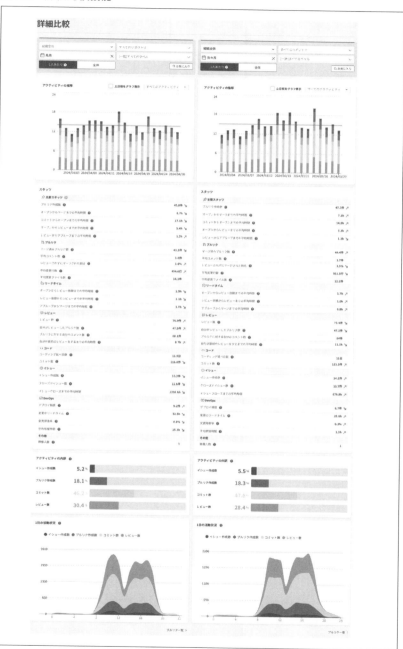

- 過去の同時期との比較から、季節性や傾向を掴む（例：繁忙期の予測と事前の対策）

　チームの状況を多角的に分析しつつ、他チームから学んだり、過去の失敗から学んだりと、比較から得た学びを次の改善に繋げていきましょう。

　なお、詳細比較機能では単純に比較にできないことも多々あります。各チームには、それぞれの事情や特性があるため（チームの繁忙期、メンバーの入退社など）、安易に他チームの手法を真似たり、数字だけを追い求めたりするのは避けましょう。

メンバーの状態を確認する

　メンバー詳細機能では、個々のメンバーの活動状況を確認できます（**図A.9**）。

　プルリクエストやレビューのアクティビティ、ワークログなどを見ながら、業務負荷の度合い（例：プルリクエストの多寡、作業時間の変動）を見たり、貢献領域の傾向（例：得意な技術領域、苦手な業務）やパフォーマンスの変化（例：生産性の向上、スランプ）なども把握できたりするでしょう。

　メンバーとの1on1では、数字を見ながら業務の進捗や悩み、目標などを話し合ってください。何をもって「いい状態である」とするのか、定性的でなく定量的なデータをもとに話せるため、お互いの認識のずれを埋めるのに役立つでしょう。

　もちろん、数字はあくまで会話のきっかけにすぎません。データに表われない部分も汲み取りながら、日々のコミュニケーションを通じてメンバーとの信頼関係を大切にします。

ふりかえりを行う

　KPTふりかえり機能では、チームで定期的にふりかえりを行い継続的改善のサイクルを回せます（**図A.10**）。

　ふりかえりの際は、Findy Team+で可視化された各種指標も参考にしながら、KPTをベースに議論を進めていきましょう（**表A.1**）。

　Findy Team+では、アクションプランの進捗管理もできます。ふりかえりを通じて、チームのモチベーションと一体感を高めながら、改善案がなあなあになり実行されない状態を防ぎましょう。

図 A.9　メンバー詳細機能

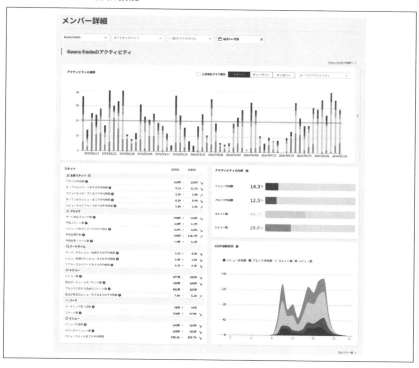

図 A.10　KPT ふりかえり機能

表 A.1 KPT

項目	概要
Keep（継続すること）	うまくいっている取り組みや、強みとなっている点は何か
Problem（改善すること）	現状の課題点や、阻害要因は何か
Try（挑戦すること）	どのような新しい取り組みにチャレンジすべきか

図 A.11 Jira 分析機能

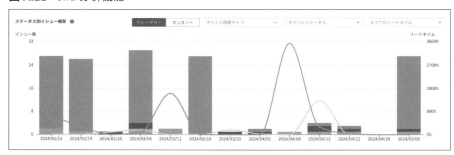

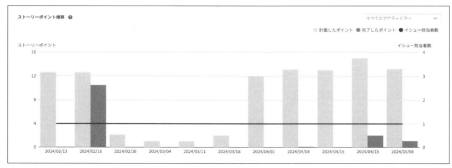

Jiraの分析を行う

Jira分析機能では、Jiraのデータを活用してプロジェクトの進捗や課題を可視化できます（**図A.11**）。

- スプリントのストーリーポイントの変化
- イシューのリードタイム
- イシューの状態推移
- アクティビティのあったイシューの詳細

こういった情報をもとに以下の観点で分析し、プロジェクトの健全性を評価できます。

- スプリントのスコープは適切か
- イシューの滞留は発生していないか、ボトルネックはないか
- 計画通りに進捗しているか

エンジニアリングの細かいデータだけではなく、イシューそのものにも目を向けることでプロジェクト全体の健全度合いがわかるようになるはずです。

会議の状況を把握する

ミーティング分析機能では、チームメンバーの会議への参加状況を可視化できます（**図A.12**）。とくに以下のような情報を分析できるでしょう。

- 特定のメンバーに会議が集中していないか
- 全体の会議が長時間化・高頻度化していないか

集中して開発に取り組むことのできる時間を適切に確保しましょう。会議が多すぎると、メンバーの生産性が低下してしまいます。もちろん、会議を減らしすぎても情報共有の機会が少なくなり、開発の意義などがわかりにくくなってしまいます。

A.2.3 可視化だけではなく伴走をするカスタマーサクセス

Findy Team+ では、プランにもよりますがカスタマーサクセスが伴走して各社の開発生産性を高められるような動きをしています。

- 導入企業が目指す理想像を一緒に具体化する
- 理想像に向けた具体的なアクションプランを立て、実行を補助する
- 企業間や開発生産性に興味のあるエンジニア間でのコミュニケーションを促進する

開発生産性の可視化では、可視化からのアクションが各社の状況によって異な

図 A.12　ミーティング分析機能

ります。なりたい方向性に対し、実現を可能にするための価値を提供します。

　Findy Team+は監視のためのサービスではなく、開発生産性を高めるためのサービスです。誤解を生まずに導入を進めていく上でも、熱量の高いチームから導入することがお勧めです。

　他にも、状況に応じて新規利用者への説明会を開く、伸びしろのあるチームや

メンバーへのヒアリングやサポートを行うなど、単に「ツールをどう使うか」だけではないサービスを提供しています。

A.2.4 まとめ

ファインディでは、「挑戦するエンジニアのプラットフォームをつくる」をビジョンに、たくさんのエンジニアやエンジニア組織に向けて価値を提供することで、不安なくエンジニアリングを楽しみ挑戦できる環境を作っていきたいと考えています。そのために、開発生産性を高めるためのイベントの開催、開発生産性について理解が深まるような記事の発信、ユーザー同士の交流を促進するといった動きもしています。

Findy Team+ についての詳細は以下のURLから確認できます。

https://findy-team.io

Appendix 3. 開発生産性向上に関する海外事例

ここでは、2020年以降の開発生産性向上に関する海外企業の先進的な取り組みを紹介します。AI・機械学習の開発プロセスへの活用、モバイルアプリ開発の生産性向上、大規模モノレポの構築と管理、開発者の満足度と生産性の関連性など、さまざまな角度から開発生産性の向上に向けた事例を取り上げます。

A.3.1 AI・機械学習の開発プロセスへの活用

GitHub Copilot や ChatGPT などの **AI ツール**が登場し、開発プロセスにおける AI・機械学習の活用が加速しています。AI ツールは、コード自動生成、リファクタリング、テスト自動化など、多くの場面で開発者の生産性向上に寄与しています。

GitHub Copilot の活用

DPE Summit 2023 の講演「AI + Engineering = Magic at Airbnb」[注A.9] では、Airbnb が GitHub Copilot を活用して開発者の生産性向上を図った事例が紹介されました。

具体的には、コードの自動生成、コード補完、リファクタリング、学習支援に Copilot を活用することで、コーディングの速度と品質を向上させ、より価値の高いタスクに集中できるようになったと報告されています。ただし、GitHub Copilot を利用する際には、自動生成されたコードの品質や保守性を確保するために人間の判断が不可欠だということです。

Uber も、AI を開発プロセスに取り入れている企業の1つです。同社は、自然言語処理技術を活用してバグレポートから自動的に修正方法を提案するシステムを開発し、バグ修正により少ない時間で取り組めるようになりました。一方で、

注A.9 https://dpe.org/sessions/szczepan-faber/ai-engineering-magic-at-airbnb/

実際に使用可能だったのは平均して1〜2行程度であり、Airbnbと同様に開発者による修正が必要で、専門知識が不可欠であるという結論になりました。

AIの倫理的な活用

　AIによるバイアスや差別の問題が指摘される中、AIを開発プロセスに取り入れる際には、差別を生まないように十分な注意を払う必要があります。Googleでは、「Responsible AI Practices」というガイドラインを策定し、AIの倫理的な活用を推進しています。このガイドラインでは、AIシステムの透明性や公平性、プライバシー保護などの原則が示されており、開発者はこのガイドラインにもとづいてAIツールを活用することが求められています。

開発者のスキル向上

　開発者のスキル向上も重要な課題です。AIの基礎知識やツールの使い方を習得することで、開発者のさらなる技術力アップに繋がると考えられます。Uberでは、社内の開発者を対象にしたAI教育プログラムを実施しています。このプログラムでは、機械学習の基礎知識から実践的なモデル構築・デプロイの方法まで、幅広いトピックが扱われます。こうした教育プログラムを通じて開発者のAIスキルを向上させることが、生産性向上に繋がると考えられます。

　このように課題は残るものの、AIツールを活用することで生産性が向上すると多くの企業で実感されていることから、今後もAIの活用は進んでいくと考えられます。

A.3.2　モバイルアプリ開発の生産性向上

　モバイルアプリ開発は、その特殊性から、Webアプリケーション開発とは異なる生産性向上の取り組みが求められます。

　Blockでは、大規模なAndroidアプリケーション開発における生産性向上に取り組んでいます。同社は4,500以上のモジュールを持つAndroidアプリの開発において、ビルド時間の短縮やIDEのパフォーマンス改善などに注力しました。Gradle Build ToolやBuck2などのビルドシステムを活用することで、ビルド時間の大幅な短縮に成功しています。

また、Blockは同社のモバイル決済サービス「Cash App」について、Kotlin Multiplatformを採用することで、Android、iOS、Web向けのアプリケーションを単一のコードベースで開発できるようにしました。これにより、開発者はプラットフォームごとにコードを書く必要がなくなり、生産性が大きく向上しています。

　UberやAirbnbなどの企業でも、モバイルアプリ開発の生産性向上に向けた取り組みが行われています。クロスプラットフォーム開発の採用、CI/CDパイプラインの最適化、テスト自動化の推進など、さまざまな施策が実施されています。

　モバイルアプリ開発の生産性向上には、開発プロセスの最適化だけでなく、組織文化の醸成も重要です。Spotifyでは、「Mobile Release Train」という仕組みを導入し、モバイルアプリのリリースプロセスを改善しました。この仕組みでは、2週間に1度のペースでリリースを行うことを目標に、自立した開発チームを作ることも同時に目的としています。

A.3.3　大規模モノレポの構築と管理

モノレポとは

　モノレポ（monorepo）とは、複数のプロジェクトやライブラリを単一のリポジトリで管理する手法です。モノレポの採用により、コード共有の促進、依存関係管理の簡素化、統一的なビルドプロセスの適用などのメリットが得られます。

　GoogleやFacebook（現Meta Platforms）などの大企業は早くからモノレポを採用し、大規模な開発プロジェクトを効率的に管理してきました。近年では、中小規模の企業でも導入が進んでいます。

　DoorDashは、Kotlin製のバックエンドサービスをモノレポで管理しています。同社は、Gradleのさまざまな機能を活用してモノレポの効率的な管理を実現。開発者はモノレポ内の他のプロジェクトの変更を容易に追跡できるようになり、生産性が向上しています。

モノレポの構築・管理における課題

　大規模モノレポの構築と管理には、ビルドシステム以外にもさまざまな課題があります。その1つが、モノレポ内の依存関係の管理です。モノレポでは、多数のプロジェクトが相互に依存し合うため、依存関係が複雑になりがちです。

　この問題に対処するために、Googleでは「Bazel」と呼ばれるビルドシステムを開発しました。Bazelは、プロジェクト間の依存関係を厳密に管理し、必要な

モジュールだけを効率的にビルドできます。また、増分ビルドやリモートキャッシュなどの機能により、ビルド時間を大幅に短縮することが可能です。

モノレポの生産性向上には、ビルドツールが提供する機能を活用することが不可欠です。BazelはSpotifyなど他社でも採用が進んでおり、モノレポ管理のデファクトスタンダードの1つとなっています。

モノレポのもう1つの課題はバージョン管理です。すべてのプロジェクトが同じリポジトリに存在するため、バージョン管理が複雑になります。

この問題に対処するために、Facebook（現Meta Platforms）では「Mononoke」と呼ばれるバージョン管理システムを開発しました。Mononokeは、モノレポ内の個別のプロジェクトに対して独自のバージョン管理を行えます。プロジェクトごとにバージョンを管理することが可能となり、リリース管理が容易になります。

コミュニケーションと調整

大規模モノレポの運用には、組織的な取り組みも欠かせません。モノレポでは多数の開発チームが同じリポジトリで作業を行うため、コミュニケーションと調整が重要です。

Googleでは、「Code Owners」という仕組みを導入しています。Code Ownersは、モノレポ内の特定のディレクトリやファイルに対して、責任を持つチームや個人を明確にするものです。これにより、変更の衝突を避け、コードの品質を維持できます。また、定期的なコードレビューや自動化されたコードチェックなどの仕組みも導入されており、モノレポ全体の品質管理が行われています。

このように、大規模モノレポの構築と管理は、複雑な課題を伴います。これらの課題に適切に対処しながら、モノレポのメリットを最大限に活かしていくことが求められます。

A.3.4 開発者の満足度と生産性の関連性

開発者サーベイの実施

開発者の満足度と生産性には密接な関係があることが、さまざまな研究で明らかになっています。開発者が自身の仕事に満足していれば、モチベーションが高まり、生産性も向上すると考えられます。

Spotifyでは、定期的な開発者サーベイを実施し、開発者の満足度や生産性に関するフィードバックを収集・分析しています。この情報をもとに、同社は継続的なDXの改善に取り組んでいます。

　LinkedInでも、開発者の満足度と生産性の関連性に着目し、社内の開発者を対象とした定期的なサーベイを実施しています。このサーベイでは、開発者の仕事に対する満足度、ツールやプロセスに対する評価、チームの一体感などを測定し、結果を分析することで、開発者の満足度を低下させている要因を特定し、改善に繋げています。

　JPMorgan Chaseでも、開発者の満足度を重視した取り組みが行われています。同社は、開発者体験（DX）を向上させるため、社内の開発者を対象とした調査を実施。調査の結果、開発者の満足度に影響を与える要因として、ドキュメンテーションの不足、複雑な開発プロセス、レガシーシステムの存在などが浮き彫りになりました。これらの課題に対処することで、開発者の満足度と生産性の向上を図っています。

キャリア開発・評価・報酬

　開発者の満足度を高めるには、技術的な施策だけでなく、組織文化の醸成も重要です。心理的安全性の確保、自律性の尊重、学習と成長の機会の提供など、開発者のエンゲージメントを高める取り組みが求められます。開発者の満足度を高めることは、生産性向上に繋がるだけでなく、優秀な人材の獲得や定着にも寄与すると考えられます。

　開発者は、新しい技術を学び、スキルを向上させることに高い意欲を持っています。この意欲を満たすため、社内でのトレーニングプログラムやカンファレンス参加の支援など、学習・キャリア開発の機会を提供することが効果的です。

　Airbnbでは、「Engineer Learning & Development」という専門チームを設置し、開発者の学習を支援しています。このチームは、社内トレーニングの企画・運営や、外部カンファレンスの情報共有などを行います。また、「Engineering Rotation Program」という取り組みでは、開発者が他チームでの業務を体験する機会を提供しています。こうした取り組みを通じて、開発者のスキルと満足度の向上を図っています。

　適切な評価と報酬も重要です。開発者の期待に応えられる、透明性の高い評価制度と競争力のある報酬体系が必要です。

　Netflixでは、「Keeper Test」と呼ばれる評価制度を導入しています。これは、「そ

の社員を失うくらいなら、同じ給与で再雇用するか」という質問にもとづいて評価を行うものです。この評価制度により、開発者は自分の価値を正当に評価されていると感じられます。

　開発者が自分の仕事にやりがいを感じ、高いモチベーションを維持できる環境を整備することが、生産性向上の鍵となります。開発者一人ひとりのニーズを理解し、それに応えていくことが、満足度と生産性の向上に繋がっていくことでしょう。

A.3.5　プラットフォームエンジニアリング

　プラットフォームエンジニアリングとは、開発チームを横断して、再利用可能なサービス、コンポーネント、ツールを提供し、開発者の生産性向上を目指すアプローチです。共通基盤を提供することで、ベストプラクティスの共有と適用が容易になり、アプリケーション間の一貫性が確保されます。

　Gartner の予測によると、2026年までにソフトウェアエンジニアリング組織の80%がプラットフォームチームを内部に設置し、アプリケーション開発のための共通基盤を提供するようになるとのことです注A.10。これは、ソフトウェア開発の効率化と品質向上に対する需要の高まりを反映しています。

　プラットフォームエンジニアリングの主な目的は、開発者の生産性を向上させることです。そのために次のような取り組みが行われています。

- 開発環境の自動化：開発環境のセットアップや更新を自動化し、開発者の手間を削減する
- 共通ライブラリの提供：頻繁に使用されるコンポーネントを共通ライブラリとして提供し、重複した開発を避ける
- CI/CD パイプラインの構築：ビルド、テスト、デプロイを自動化する CI/CD パイプラインを構築し、リリースプロセスを効率化する
- モニタリングとログ管理：アプリケーションのパフォーマンスを監視し、ログを一元管理することで、問題の早期発見と解決を支援する

注A.10　https://www.gartner.co.jp/ja/articles/what-is-platform-engineering

たとえばAirbnbは、Kubernetes駆動のプラットフォーム「AirDev」を開発し、オンデマンドの開発環境を提供しています。インスタンスは、yakを介した簡単なCLIコマンドで呼び出せ、ビルドやテストサイクル機能が提供されています。

SpotifyはDPE Summit 2023で、社内の開発者向けに「Backstage」[注A.11]というオープンソースの内部開発者ポータルを開発し、CNCFに寄贈しました。

Backstageは、開発者が必要とする情報やツールを一元化してすぐにアクセスできるようにし、開発者の生産性を高めることを目指しています。サービス、Webサイト、ライブラリ、データなどを一元管理できるカタログ、ソフトウェアテンプレート、プラグイン機能、オンボーディングウィザードなどが揃っています。GitHubのリポジトリなどで管理可能です。

DPE Summit 2023の講演「CI Acceleration at Scale: A JPMC Success Story」[注A.12]と「Conversational and Contextual Observability」[注A.13]では、JPMorgan Chaseの開発者生産性向上のための取り組みが紹介されました。

同社は、150以上のツールやサービスを自社の開発者に提供しており、それらを活用することで開発者は手動作業を減らし、より価値の高いタスクに集中できます。これは、開発者ポータルや自動化ツールを内部向けに提供し効率化を計っています。

プラットフォームエンジニアリングを成功させるためには横断的なチーム組成が必要です。プラットフォームチームと開発チームの連携を密にし、開発者のフィードバックを継続的に取り入れながら、プラットフォームを進化させていく必要があります。また、プラットフォーム上の機能の利用を促進するための教育やサポートも重要です。

ソフトウェア開発の規模が拡大し、複雑性が増す中で、プラットフォームエンジニアリングの重要性はさらに高まっていくでしょう。日本企業でも、プラットフォームエンジニアリングの導入と活用が開発者の生産性向上に寄与します。大きな開発組織であったり、プロダクトが複雑であったりする場合に、とくにプラッ

注A.11　https://backstage.spotify.com/
注A.12　https://dpe.org/sessions/shenba-vishnubhatt/ci-acceleration-at-scale-a-jpmc-success-story/
注A.13　https://dpe.org/sessions/mani-nagaraj/conversational-and-contextual-observability/

トフォームエンジニアリングという考え方が活かせるでしょう。

A.3.6 DevSecOps

DevSecOps は、開発（Development）、セキュリティ（Security）、運用（Operations）を統合する手法です。従来は独立して扱われることが多かった領域ですが、セキュリティを開発プロセスの早期から組み込むことで、アプリケーションのセキュリティ品質向上を目指します。

DevSecOps には次のような特徴があります。

- セキュリティのシフトレフト：セキュリティテストや脆弱性検査を開発プロセスの早期から実施し、問題の早期発見と修正を図る
- 自動化の活用：セキュリティテストや脆弱性検査を自動化することで、効率化と網羅性の向上を図る
- 共通のツールとプロセス：開発、セキュリティ、運用で共通のツールとプロセスを使用することで、コミュニケーションと連携を円滑化する
- 継続的なモニタリング：実稼働環境におけるアプリケーションのセキュリティを継続的にモニタリングし、新たな脅威や脆弱性に迅速に対応する

DevSecOps の実践には、セキュリティ専門家と開発チームの密接な連携が不可欠です。セキュリティ要件を開発プロセスに組み込み、開発者がセキュリティを意識した設計と実装を行えるようにサポートします。自動化されたセキュリティテストのパイプラインを構築し、継続的にセキュリティ品質を確保します。

海外企業では、Netflix や Amazon などが DevSecOps の先駆者として知られています。これらの企業では、セキュリティをソフトウェア開発ライフサイクル全体に組み込み、自動化されたセキュリティテストを大規模に実施しています。また、セキュリティ専門家と開発チームが密接に連携し、セキュリティ意識の高い組織文化を醸成しています。

日本企業でも DevSecOps の重要性は高まっています。しかし、セキュリティ人材の不足や、開発チームとセキュリティチームの連携不足など、課題も多く指摘されています。海外企業の事例を参考にしながらこれらの課題を解決し、自社

の状況に合った実践方法を模索することが求められます。

A.3.7 まとめ

　これらの事例から学ぶべきことは、開発生産性の向上には、技術的なアプローチと組織的なアプローチの両方が必要だということです。そして、事例から浮かび上がるのは「生産性向上に終わりはない」ということです。開発生産性の向上は継続的な改善の積み重ねです。今日の最適解は、明日には陳腐化するかもしれません。変化し続ける技術や環境に適応するためには、常に新しいアプローチを模索し、実践していくことが望ましいでしょう。

　日本企業もこれらの教訓を活かし、自社の状況に合った開発生産性向上の取り組みを進めていくことが求められます。海外企業の事例は、そのための道標となりますが、必ずしもすべての組織にマッチするものではありません。技術的な施策と組織的な施策を両輪で進め、継続的な改善を積み重ねていきながら、自分たちの開発組織に合った施策を取捨選択することを大事にしましょう。何のための施策なのかを考えながら新しい考えを取り入れることで、さらに開発生産性の高い組織に変化していくことでしょう。

おわりに

　本書では、開発生産性の向上に向けて何をすべきか、どのような指標を使って計測するのかについて、さまざまな観点から詳しく解説してきました。さらに、実際の企業における取り組み事例を紹介しました。紹介した各企業も、現在ではさらに難しい課題に取り組んでいるかもしれません。

　私自身、この4年ほど開発生産性の研究を続けてきましたが、未知の領域が多く残されています。どうすれば各個人が生産性を高くしていけるのか。人数が増えても高い生産性を維持するにはどうすれば良いか。さまざまな課題に対して、さらに多くの取り組みや知見を知りアップデートしていく必要があります。

　開発生産性の向上は一朝一夕に成し遂げられるものではありません。測定、分析、改善のサイクルを地道に回すため、組織に合った適切な指標を選択し、チームで目標を共有し、阻害要因を特定して対策を打っていきましょう。

　また、エンジニア個人の努力だけでは限界があります。エンジニア組織だけでなく、他の職種や役員などを巻き込んで組織全体で取り組む必要があります。開発生産性の向上は、個人の監視や束縛を目的とするものではありません。チーム全体でより高い成果を出すために、お互いに高め合うためのものだと理解していける状態が望ましいでしょう。

　そして、指標の数値に一喜一憂せず、どのようなアクションを取るべきかを考えることに重点を置きましょう。まずは自分自身やチームでコントロールできる範囲から改善を始め、徐々に組織全体に拡げていくのが良いでしょう。アウトプット量を増やすことは重要ですが、最終的にアウトカムに繋げるのが目的であることを忘れてはいけません。

　生産性の向上を追求するあまり、無理をしすぎないことも大切です。開発を楽しむことを忘れず、持続可能なペースで開発を進めましょう。本書を通じて得られた知見を活かし、皆さんの組織で開発生産性向上への一歩を踏み出していただければ幸いです。Happy Hacking!

2024年5月27日　　佐藤 将高

■ 参考文献

1. 「開発生産性について議論する前に知っておきたいこと」／広木大地［著］
   https://qiita.com/hirokidaichi/items/53f0865398829bdebef1

2. 「対象者は 1,000 名以上、サイバーエージェントが日本一 GitHub Copilot を活用している理由」／ CyberAgent Way
   https://www.cyberagent.co.jp/way/list/detail/id=29887

3. 「GitHub Copilot の全社導入とその効果」／ ZOZO TECH BLOG
   https://techblog.zozo.com/entry/introducing_github_copilot

4. 「開発生産性が上がるって分かったので GitHub Copilot Business を積極活用しています」／ Money Forward Developers Blog
   https://moneyforward-dev.jp/entry/2024/04/17/130000

5. 「「プルリク作成数がセンターピン」BuySell Technologies の仮説思考が生んだ圧倒的生産性向上と課題解決」／ Findy Team+ Lab
   https://blog.findy-team.io/posts/buysell-technologies/

6. 「株式会社 BuySell Technologies 2022 年 12 月期 通期決算説明資料」
   https://ssl4.eir-parts.net/doc/7685/tdnet/2240978/00.pdf

7. 「運用改善によるチームパフォーマンス向上のための取り組み」／ ZOZO TECH BLOG
   https://techblog.zozo.com/entry/operational-improvements-tips

8. 「興味のあるキャリアパス」／ Findy Inc.
   https://assets.st-note.com/img/1667716390913-l9bsjw2uIZ.png?width=2000&height=2000&fit=bounds&quality=85

9. 「Findy Team+」／ Findy Inc.
   https://findy-team.io

10. 「The History of DevOps Reports」／ Puppet
    https://www.puppet.com/resources/history-of-devops-reports

11. 「2023 年の State of DevOps Report」／ Google
    https://cloud.google.com/devops/state-of-devops?hl=ja

12. 「CTO の考え事」／野沢康則［著］
    https://speakerdeck.com/nozayasu/cto-nokao-eshi

13. 「Visibility of work in the value stream」／ DORA
    https://dora.dev/devops-capabilities/process/work-visibility-in-value-stream/

14. 「人口推計（2023 年（令和 5 年）12 月確定値、2024 年（令和 6 年）5 月概算値）（2024 年 5 月 20 日公表）」／総務省統計局
https://www.stat.go.jp/data/jinsui/new.html

15. 「データで見る少子高齢化と労働人口減少の予測」／コニカミノルタ
https://www.konicaminolta.jp/business/solution/ejikan/column/workforce/declining-workforce/index.html

16. 「DORA Quick Check」／ DORA
https://dora.dev/quickcheck/

17. 「「開発生産性」はエンジニア"だけ"のモノではなくなった？ / "Development productivity" is no longer just for engineers?」／石垣雅人［著］
https://speakerdeck.com/i35_267/development-productivity-is-no-longer-just-for-engineers

18. 「AI + Engineering = Magic at Airbnb」／ Airbnb
https://dpe.org/sessions/szczepan-faber/ai-engineering-magic-at-airbnb/

19. 「Developing at Uber Scale」／ Uber
https://dpe.org/sessions/ali-reza/developing-at-uber-scale/

20. 「CI Acceleration at Scale」／ JPMorgan Chase
https://dpe.org/sessions/shenba-vishnubhatt/ci-acceleration-at-scale-a-jpmc-success-story/

21. 「Behind the Scenes of Productivity Metrics at LinkedIn」／ LinkedIn
https://dpe.org/sessions/grant-jenks/behind-the-scenes-of-productivity-metrics-at-linkedin/

22. 「Building a Gradle-Based Monorepo for Kotlin Backends」／ DoorDash
https://dpe.org/sessions/ashwin-kachhara/building-a-gradle-based-monorepo-for-kotlin-backends/

23. 「An Opinionated View on Metrics Informed Development」／ Spotify
https://dpe.org/sessions/laurent-ploix/an-opinionated-view-on-metrics-informed-development/

24. 「DORA Core Model」（DORA）
https://dora.dev/core/dora-core-model-v1.2.2.pdf

25. 『エンジニアリング組織論への招待〜不確実性に向き合う思考と組織のリファクタリング』／広木大地［著］／技術評論社（2018 年）

佐藤 将高（全体）

東京大学 情報理工学系研究科 創造情報学専攻卒業後、グリー株式会社に入社し、フルスタックエンジニアとして勤務する。2016年6月、ファインディ立ち上げに伴い取締役 CTO 就任。Findy、Findy Freelance、Findy Team+、Findy Tools の立ち上げを行い、プロダクト全体の新規コンセプト策定や企画・開発を担当。

浜田 直人（第4章）

大学卒業後、SIer として就職してさまざまな開発現場を経験。その後、Web 系企業で toC 向けの大規模 Web サービスの開発や 0 → 1 開発を経験し、2022年5月にファインディに参画。ファインディでは Findy Team+ の開発チームをエンジニアリングマネージャーとしてリードし、開発の推進やチームの成長に取り組んでいる。

栁沢 正二郎（第4章）

大学卒業後、SIer、Web 系企業を数社経てファインディに参画。ファインディでは Findy 中途転職や Findy Team+ の開発に携わる。楽しく開発することがモットー。

中村 綾香（第5章）

大学卒業後、IT 企業に入社し、アウトソーソング事業、新規サービスの営業／カスタマーサクセス、カスタマーサクセスアウトソーシングサービスの立ち上げを経験。その後、SaaS スタートアップにてビジネスサイド全般、カスタマーサクセスコンサルタントを経験。2023年11月にファインディに参画し、Findy Team+ のカスタマーサクセスを担当。

加藤 伸哉（第6章）

大学卒業後、IT企業に入社し、Webマーケティング業務やメディアのフロント業務／新規立ち上げを経験。その後、2023年11月にファインディに参画し、Findy Team+ のマーケティングを担当。

大藤 宗一（第7章）

大学卒業後、株式会社メンバーズに入社。株式会社ブレインパッドと共同で検索連動型広告の自動入札ツール開発プロジェクトを経験。その後通信系JVにて広告システム、DMPなどの開発・サービス推進をプロジェクトリードとして担当した後、Sansan株式会社にて新規事業をセールス・マーケティングとして担当。2023年12月にファインディに参画し、Findy Team+ のマーケティングを推進。

松岡 由香子（第8章）

新卒でブライダル業界のWebサイト制作会社にてセールス、およびサイト構築ディレクションを経験。その後、スマートフォンの製造・販売、およびインターネット通信回線（MVNO）を提供する企業の広報、AIスタートアップの広報を経験し、2023年8月にファインディに参画。ファインディでは全社広報を担当。

戸田 千隼（第9章）

SIer、スタートアップ企業など複数社を経て2020年7月にファインディに参画。バックエンド、フロントエンド、CIなど、領域に縛られることなく開発を行うマルチスタックエンジニア。ファインディではテックリードとして、圧倒的な行動量でサービス全体を改善中。

数字

1タスクあたりの平均開発時間 … 138

A

AirDev …………………………………… 244
AI倫理 ……………………………………… 239

B

Backstage ………………………………… 244
Bazel ……………………………………… 240

C

C0 ………………………………………… 117
C1 ………………………………………… 117
C2 ………………………………………… 117
ChatGPT ………………………………… 206
CI/CD ……………………………………… 123
CI/CDの実行速度 ………………………… 123
Code Owners …………………………… 241

D

DevOps …………………………………… 25
DevSecOps ……………………………… 245
DORA Quick Check ……………………… 42
DORAメトリクス ………………… 42, 100

E

Engineer Learning & Development
…………………………………………… 242
Engineering Rotation Program … 242

F

Findy Team+ …………………………… 223
Four Keys ………………………… 42, 100

G

GitHub Actions ………………………… 202
GitHub Copilot ………………… 207, 238

K

Keeper Test ……………………………… 242
KPT ……………………………………… 234

L

LLM ……………………………………… 206

M

MCC ……………………………………… 117
Mobile Release Train ………………… 240
Mononoke ……………………………… 241
MVV ……………………………………… 150

R

Responsible AI Practices ………… 239
RICEスコア ……………………………… 14

S

SDOパフォーマンス …………………… 30
SMART原則 ……………………………… 51
SPACEフレームワーク
………………………… 42, 44, 143, 184
State of DevOps Report …………… 25

あ行

アウトプット ………………………… 5
アクティブユーザー数 …………… 146
インプット ………………………… 5
インフラの最適化 ………………… 76
インフラ費用の削減率 …………… 147
売上高 ……………………………… 146
売上を作る指標 …………………… 146
営業利益率 ………………………… 147
エンゲージメント ………………… 141
エンゲージメントサーベイ ……… 141

か行

開発環境の整備 …………………… 75
開発環境のセットアップ時間 …… 145
開発者サーベイ …………………… 241
開発者体験 ……………… 143, 242
開発者の集中時間 ………………… 139
開発者満足度 …………… 142, 241
開発生産性 ………………………… 4
開発生産性のレベル ……………… 6
課題の特定 ………………………… 46
課題の優先順位 …………………… 48
価値のあるフィーチャーの割合
………………………………… 138
活動 …………………… 44, 144
可用性 ……………………………… 30
間接的な指標 ……………………… 146
技術的負債 ………………………… 74
技術的負債の蓄積状況 …………… 145
期待付加価値の生産性 …………… 6

競争優位性 ………………………… 166
クラウドの本質的特性 …………… 32
継続的インテグレーション …… 68, 123
継続的デプロイメント …………… 123
効率とフロー …………… 44, 144
コーディング規約の遵守率 ……… 134
コードカバレッジ ………… 116, 132
コード行数 ………………………… 139
コードの複雑度 …………………… 133
コードの変更頻度 ………………… 145
コードレビューの活発さ ………… 145
コードレビューの参加率 ………… 140
コードレビューの所要時間 … 133, 140
コードレビューの負荷・偏り …… 140
コードレビュー率 ………………… 132
コストを削減する指標 …………… 147
コミュニケーション ……………… 79
コミュニケーションツールの活用度
………………………………… 145
コミュニケーションとコラボレー
ション ………………… 44, 144
コンバージョン率 ………………… 146

さ行

サイクルタイム …………………… 138
サイクロマティック複雑度 ……… 133
仕事量の生産性 …………………… 6
市場 ……………………………… 14
実現付加価値の生産性 …………… 7
自動化 ……………………………… 75
自動テストのコードカバレッジ
………………………… 116, 132

自動テストの実行速度 …………… 123
自動テストの粒度 ………………… 124
指標 ………………………………… 94
指標の選択 ………………………… 94
従業員満足度 ……………………… 141
集中時間 …………………………… 145
心理的安全性 ……………………… 145
スキルの陳腐化 …………………… 65
ステートメントカバレッジ ……… 117
スループット ……………………… 135
生成的な文化 ……………………… 34
性能テストの結果 ………………… 135
セキュリティ ……………………… 67
設計ドキュメントの更新頻度 …… 134
戦略ロードマップ ………………… 14
相互支援 …………………………… 79
阻害要因 …………………………… 60
組織のスケール …………………… 9
組織文化 …………………………… 111
組織文化指標 ……………………… 141

た行

大規模言語モデル ………………… 206
タスク管理 ………………………… 69
チーム間のコラボレーション …… 145
知識共有の活発さ ………………… 145
ツールやプロセスの統合 ………… 145
定性的な観点 ……………………… 40
定性的な理解 ……………………… 9
定量的な理解 ……………………… 9
テスト自動化 ……………………… 68
テストの自動化率 ………………… 145

デプロイ頻度 …………………… 43, 101
デプロイメントの痛み …………… 28
手戻り率 …………………………… 138
同時接続数 ………………………… 135
ドキュメンテーション ……… 72, 130
ドキュメント作成数 ……………… 141

な行

ナレッジ共有 ……………………… 72

は行

バグ検出率 ………………………… 135
パスカバレッジ …………………… 117
パフォーマンス ……………… 44, 144
バリューストリーム指標 ………… 136
バリューストリームマップ ……… 136
ビジョン …………………………… 86
ビルドの自動化率 ………………… 145
品質 …………………………… 70, 77
不要なリソース削減 ……………… 147
プラットフォームエンジニアリング
……………………………………… 243
ブランチカバレッジ ……………… 117
プランニング ……………………… 158
プルリクエスト作成数 ……… 113, 153
プルリクエストの粒度
………………………… 115, 121, 139, 198
プロダクトKPI …………………… 146
プロダクトのゴール ……………… 2
平均修復時間 ………………… 43, 108
並列化 ……………………………… 201
ベロシティ ………………………… 152

変更失敗率 ································ 43, 106
変更のリードタイム ················ 43, 104

ま行

マージ時間 ····················· 116, 120, 132
満足度調査 ································ 142
満足度と幸福度 ····················· 44, 143
ミッションツリー ························ 169
モチベーション ······················ 57, 78
モノレポ ································ 240

や行

ユーザーインタビュー ················· 14
要件 ··································· 130

ら行

リーンマネジメント ····················· 28
リグレッション ······················· 116
リグレッションテストの実施率
··································· 135
離職率 ································· 147
リスク管理 ····························· 15
リソース使用率 ······················· 135
リファインメント ····················· 157
レトロスペクティブ ··················· 158

カバーデザイン ● トップスタジオデザイン室（轟木亜紀子）
本文デザイン／DTP ● はんぺんデザイン
編集 ● 鷹見成一郎

■ お問い合わせについて

本書に関するご質問については、本書に記載されている内容に関するもののみとさせて
いただきます。本書の内容と関係のないご質問につきましては、一切お答えできません
ので、あらかじめご了承ください。また、電話でのご質問は受け付けておりませんので、
FAX、書面、または下記サポートページの「お問い合わせ」よりお送りください。

[問い合わせ先]
〒162-0846 東京都新宿区市谷左内町 21-13
　株式会社技術評論社　第5編集部『開発生産性の教科書』係
FAX：03-3513-6173

なお、ご質問の際には、書名と該当ページ、返信先を明記してくださいますよう、
お願いいたします。お送りいただいたご質問には、できる限り迅速にお答えできる
よう努力いたしておりますが、場合によってはお答えするまでに時間がかかることが
あります。また、回答の期日をご指定なさっても、ご希望にお応えできるとは限りま
せん。あらかじめご了承くださいますよう、お願いいたします。

● 本書サポートページ

https://gihyo.jp/book/2024/978-4-297-14249-0
本書記載の情報の修正・訂正・補足については、当該Webページで行います。

エンジニア組織を強くする 開発生産性の教科書
～事例から学ぶ、生産性向上への取り組み方～

2024年7月24日　初版 第1刷　発行

著　　者　　佐藤将高、Findy Inc.
発 行 者　　片岡巌
発 行 所　　株式会社技術評論社
　　　　　　東京都新宿区市谷左内町 21-13
　　　　　　電話　03-3513-6150　販売促進部
　　　　　　　　　03-3513-6177　第5編集部
印 刷 所　　日経印刷株式会社

ISBN978-4-297-14249-0 C3055
Printed in Japan